本书由江苏高校品牌专业建设工程资助项目（TAPP，项目负责人：朱锡芳，PPZY2015B129）、常州工学院－“十三五”江苏省重点学科项目－电气工程重点建设学科、2016年度江苏省高校重点实验室建设项目－特种电机研究与应用重点建设实验室、江苏省政策引导类计划（产学研合作）——前瞻性联合研究项目（BY2016031-06）、江苏高校文化创意协同创新中心项目（XYN1514）、常州市应用基础研究计划项目（CJ20179061）、江苏省建设系统科技项目（2016ZD85）资助出版

蔡纪鹤

光伏并网发电的
功率补偿控制研究

镇　江

图书在版编目(CIP)数据

光伏并网发电的功率补偿控制研究 / 蔡纪鹤著. —
镇江 ：江苏大学出版社，2017.10(2019.8 重印)
ISBN 978-7-5684-0628-4

Ⅰ. ①光… Ⅱ. ①蔡… Ⅲ. ①太阳能发电—系统工程
—研究 Ⅳ. ①TM615

中国版本图书馆 CIP 数据核字(2017)第 249374 号

光伏并网发电的功率补偿控制研究
Guangfu Bingwang Fadian De Gonglü Buchang Kongzhi Yanjiu

著　　者/蔡纪鹤
责任编辑/吕亚楠　吴昌兴
出版发行/江苏大学出版社
地　　址/江苏省镇江市梦溪园巷 30 号(邮编：212003)
电　　话/0511-84446464(传真)
网　　址/http://press.ujs.edu.cn
印　　刷/虎彩印艺股份有限公司
开　　本/890 mm×1 240mm　1/32
印　　张/5.125
字　　数/162 千字
版　　次/2017 年 10 月第 1 版　2019 年 8 月第 2 次印刷
书　　号/ISBN 978-7-5684-0628-4
定　　价/32.00 元

如有印装质量问题请与本社营销部联系(电话：0511-84440882)

前　言

随着全球范围内化石能源消耗量的急剧增加,世界性的能源危机已经来临。化石能源的大规模开发和利用,给人类赖以生存的自然环境造成了严重破坏,能源已经成为人类社会进步、经济发展与地球生态环境保护的瓶颈问题。可再生能源的开发和利用引起了全世界的广泛关注,其中太阳能具有取之不尽、用之不竭、分布广泛、清洁无污染等一系列优势,是解决世界能源危机和环境污染最可靠和行之有效的绿色能源,而光伏并网发电则是利用太阳能最有效的方式。

本书采用一种改进结构的光伏并网发电系统,实现了光伏并网逆变器的复用功能,使得供电质量改善、系统运行效率提高、系统损耗降低、设备投资变低;针对光伏发电有功和无功的动态补偿控制的关键问题进行了相关研究,提出了基于最小二乘支持向量机(LS－SVM)的最大功率跟踪(MPPT)控制、基于超级电容和蓄电池的复合储能系统的有功补偿控制、基于空间电压矢量脉冲调制(SVPWM)的并网发电与无功补偿的一体化控制策略,并开展了相关的仿真及实验研究。具体研究内容与成果如下:

1. 在分析各类光伏并网发电系统结构的基础上,提出一种两级可调度光伏并网发电系统结构,并对其主要部件的运行机理与数学模型进行了研究。

2. 研究了光伏组件的一种简化数学模型、光伏组件在不同太阳光辐射度及工作温度下电流—电压和功率—电压特性。

3. 研究了基于最小二乘支持向量机的最大功率跟踪控制策略与方法。为克服传统 MPPT 算法无法协调解决稳定性和误跟踪的缺点,在分析最大功率跟踪控制机理的基础上,提出了基于 LS-

SVM 的最大功率跟踪控制策略，构建了基于恒电压控制法、干扰观测法与 LS-SVM 的最大功率跟踪控制系统，并开展了相关的仿真对比研究。

4．为了提升储能系统的性能，研究超级电容和蓄电池的混合储能系统结构特性，提出了基于超级电容与蓄电池的主动式混合能系统有功功率补偿控制策略，构建了相关的控制系统，并进行了仿真实验。

5．提出了基于 SVPWM 的光伏并网与无功补偿一体化控制策略。为拓展光伏并网逆变器的功能，在分析并网逆变器主电路与静止同步无功补偿装置主电路结构特性的基础上，提出了基于 SVPWM 技术的光伏并网与无功补偿一体化控制策略；研究了高速、快速的电流检测方法；分析了双向 PWM 逆变器的四象限运行特性；研究了 SVPWM 波形产生过程，开关管导通时间的计算及分配方法；构建了基于 SVPWM 的光伏并网发电与无功补偿一体化控制系统，并进行了仿真验证。

6．构建了光伏功率控制系统的模拟实验平台及基于 DSP 与 CPLD 复合结构的光伏并网发电数字控制系统；研制了系统硬、软件，并进行了相关实验研究；验证了结构设计与控制策略的正确性。

目　录

第1章　绪　论

1.1　背景与意义

1.1.1　光伏发电的背景与意义

人类社会的进步和经济的发展离不开煤炭、天然气、石油等能源，但随着全球经济的快速发展和人们对生态环境保护意识的提升，这些化石能源开发利用的内在缺陷也逐步暴露出来。

一方面，化石能源存储量有限。化石能源属于不可再生能源，随着世界各国对化石能源消费量的急剧增加，化石能源的储备量也在急剧减少，一旦消耗殆尽，难以在短时间内再生。BP Amoco公司公布的“BP世界能源统计年鉴”[1]（见表1-1）表明：全球的煤炭、天然气和石油等化石能源的已知储量已经不多，其可开采时间分别为109年、55.7年和52.9年。中国的能源状况更是危机逼人：煤炭和天然气仅可维持30年左右，石油仅可维持10年左右。

表1-1　化石能源统计表

	煤炭		天然气		石油	
	探明储量/亿吨	剩余可开采年限/年	探明储量/万亿立方米	剩余可开采年限/年	探明储量/亿吨	剩余可开采年限/年
世界	8 609.4	109	187.3	55.7	2 358	52.9
中国	1 145	31	3.1	28.9	24	11.4

另一方面，化石能源对生态环境破坏性大。化石能源在开发过程中常常伴随着地形与地貌的改变，经常会造成塌方、地震等自

然灾害,也可能造成水源的污染;在使用过程中,化石燃料的燃烧放出大量的温室气体和有毒气体,导致全球气候变化,甚至造成温室效应、臭氧层破坏等一系列环境问题[2]。可以说,人类文明的快速发展与地球生态环境的逐步恶化的矛盾愈发尖锐。能源问题已经成为人类社会进步、经济发展、地球生态环境保护的瓶颈,是当今世界各国亟待解决的关键问题之一[3]。

近年来,各国相继开发利用风能、核能、地热能、太阳能等绿色能源。而这其中,太阳能因具有能量巨大、分布广泛、清洁无害等一系列优势而备受各国的广泛重视[4]。据科学估算,太阳辐射到地球表面的能量巨大,高达 173 000 TW[5],每秒辐射到地球上的能量约等于 7 000 万吨石油燃烧所释放的能量,约合全球半小时消耗的能量[6];太阳能资源分布广泛,无论是城市、乡村,还是海洋、陆地,甚至在南北极、太空,都有丰富的太阳能资源;太阳能资源清洁无害,不会破坏环境。如果能充分利用这些资源,就可以有效地解决目前的能源危机,同时还能保护我们赖以生存的地球。

目前,将太阳能转换为电能的光伏发电技术得到的应用最为广泛。世界能源组织(IEA)、欧盟联合研究中心(JRC)、欧洲光伏产业协会(EPIA)的相关研究表明,在未来几十年内,光伏发电量占全球发电总量的比重将逐渐上升,到 21 世纪末,其发电量将占全球发电总量的 60% 以上,成为人类能源结构的中流砥柱[7,8](见表 1-2)。

表 1-2　光伏发电量占全球发电总量的比重

	2020 年	2040 年	21 世纪末
世界能源组织(IEA)	2%	20% ~28%	
欧盟联合研究中心(JRC)	1%	20%	60%
欧洲光伏产业协会(EPIA)	1% ~2%	26%	

光伏离网发电系统主要为远离电网的用户、通信基站、气象站、导航设备等提供电力保障,具有电力补偿和应急的作用。光伏并网发电系统与电网连接,将多余的电能输送到电网上,与电网一

起供电。十多年来，光伏并网发电系统发展迅速。图 1-1 所示为 2000 年至 2013 年世界光伏发电累计容量，可以看出，光伏并网发电系统累计安装量在 2000 年时仅占到全球光伏总量的 50%，到 2007 年以后占到全球光伏总量的 90% 以上，其增长趋势愈发明显，已经毫无争议地成为光伏发电领域的发展趋势[9]。

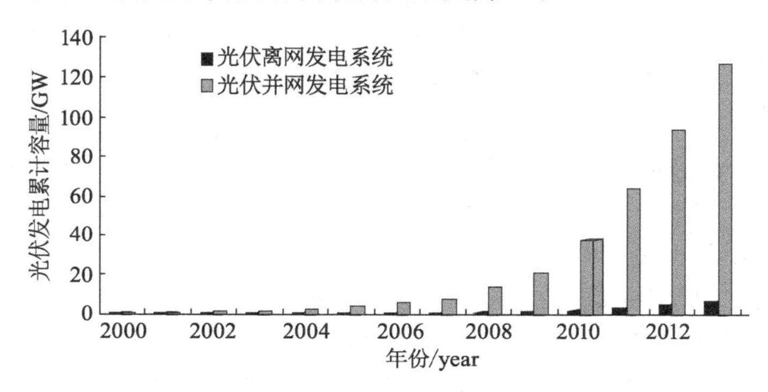

图 1-1　2000 年至 2013 年世界光伏发电累计容量

光伏并网发电起源于 20 世纪 80 年代初[10-12]，早期主要是发展大型光伏并网试验性电站，这些试验性电站的建设为光伏并网发电技术的进步奠定了基础，但由于其成本过高，很难在短时间内体现经济价值，因此没有被大规模推广。从 20 世纪 90 年代开始，世界各发达国家为应对能源危机，实现经济和社会的可持续发展，相继制定并实施了关于光伏并网发电的各种鼓励激励政策，从国家层面通过政策扶持和市场开拓来刺激光伏产业的发展[13,14]，并将重点放在屋顶光伏并网发电系统上。由于将光伏阵列安装在建筑物的屋顶上，并不占用宝贵的土地资源，故便于推广普及。

德国是世界上第一个实施“上网电价”政策的国家，1993 年就开始以较高的价格回购光伏能源，并开始实施“1000 个光伏屋顶计划”项目，接着又顺利实施了“2000 个光伏屋顶计划”项目，1998 年又提出了“10 万个光伏屋顶计划”项目。德国通过实施这些刺激政策，其光伏发电系统累计安装量连续多年位居世界第一。随后，欧洲的西班牙、意大利、法国、荷兰等国相继出台并实施各自的“上网电价”政策,使欧洲的光伏发电产业得到了迅速发展。

美国在20世纪80年代初,最先建立了4座大型光伏并网电站;1996年,实施“光伏建筑计划”项目,旨在发展光伏建筑一体化材料及其相关的光伏发电装置;随后,美国接连推行“百万太阳能屋顶计划”项目和“千万屋顶计划”项目,大力发展光伏发电住宅。

日本也专注于发展光伏建筑一体化系统(Building Integrated Photovoltaic,BIPV),从20世纪末开始接连推行“朝日七年计划”项目和“七万屋顶计划”项目[15]。

目前,印度、毛里求斯、南非等许多发展中国家也在大力发展太阳能屋顶计划。相信BIPV系统在未来将越来越重要,光伏发电正朝这个方向发展。

中国的光伏并网发电市场起步较晚,自2005年起,《中华人民共和国可再生能源法》等一系列光伏发电激励政策出台,加上政府通过建设一大批光伏并网示范项目,不断释放鼓励光伏并网发电发展的积极信号,为国内光伏并网发电的迅速发展奠定了良好的政策基础。2009年,总容量为2 MW的屋顶光伏电站在杭州并网运行,这是我国BIPV项目的里程碑式事件。为了促进国内光伏产业的发展,同时为应对美国和欧盟“双反”措施,2012年,我国颁布了相关文件,对6 MW以下的光伏发电项目,国家电网将不再设置并网门槛,并收购并网电能。同年12月22日,我国第一个户用光伏并网发电系统在青岛成功并网,人们真正享受到了光伏发电所带来的福利。

1.1.2 课题的意义

随着光伏发电系统接入电网的需求不断增加,人们对光伏并网发电技术的需求也与日俱增,尤其是事关转换效率、并网性能等关键指标的光伏并网逆变器等产品的核心技术,更是各国科研人员关注的焦点。1965年,Mcmurray W首次提出全桥(Full Bridge,FB)变换器理论[16],奠定了电力电子变换技术和光伏并网发电技术的基础。根据该理论,20世纪80年代,世界第一台光伏并网装置诞生,它采用的是基于晶闸管的集中逆变器[17]。1990年,SMA

公司采用晶体管作为功率器件，研制了一台逆变器[18]。目前，欧美、日本等发达国家已有大量性能优越、功能齐全的光伏并网逆变器产品问世[19]。这些产品不但具有较高的能量转换率，同时还兼有最大功率跟踪（Maximum Power Point Tracking，MPPT）、远程监控、无功补偿、多机并联运行等功能，极大地促进了光伏并网发电系统的发展。中国的光伏并网逆变器技术研究起步比较晚，尚未完全掌握逆变器领域的技术制高点。对中国这样一个国土跨度非常大的国家，如何解决好光伏并网发电系统的稳定运行、大量光伏并网发电系统接入等技术难题，是当前必须攻坚克难的重点。实践中，我们发现，由于光伏阵列的输出特性具有明显的间歇性和随机性，故整个光伏并网发电系统易受外界环境的影响，输出的电能易波动，并且波动的幅度较大[20,21]。与此同时，光伏并网发电系统的大量接入，会对电网进行馈电，使得与电网连接的各配电线路上的潮流变成双向流动。除此之外，并网逆变器本身会对电网注入一定的谐波及无功功率，电网的运行会变得更加复杂。可以说，光伏并网发电对电网的规划设计、系统调度、电能质量、系统保护的影响较大[22-24]，严重时可导致电网故障或电网瘫痪。

本书围绕光伏并网发电系统的功率控制问题展开研究，分析比较光伏发电系统的结构，研究相关的控制方法，在此基础上，在并网发电的同时实现对光伏并网有功功率和配电线路中无功功率的补偿控制，从而有效地抑制光伏并网发电系统接入电网时对电网的冲击，改善光伏发电的电能质量，为光伏发电系统大规模接入电网提供了有益的借鉴。

1.2 光伏并网发电关键技术的研究现状

1.2.1 光伏并网发电的关键技术

1.2.1.1 光伏阵列最大功率跟踪控制

在外界环境恒定情况下，光伏阵列负载特性的不同会造成输出电压不同，只有在某一特定电压下，输出功率才达到最大，此时光伏阵列工作在功率—电压($P-V$)曲线的顶点,这就是所谓的最大工作点。调整光伏阵列的工作点,使该点一直运行在 $P-V$ 曲线顶点的方法就是 MPPT 算法。光伏阵列一旦受到外界环境的影响,就会使发出的功率具有明显的非线性。不合理的 MPPT 控制算法会引发下列问题:

(1) 稳定性问题。太阳辐射是不可预知的,因此光伏阵列的输出功率是不断变化的,MPPT 算法如果不能及时、准确地使光伏阵列运行在最大工作点附近,往往就会导致光伏并网发电系统无法稳定工作并剧烈振荡[25];光伏阵列在最大工作点两端输出特性常常不一致,如果 MPPT 算法不能发现并处理这种差异,不能及时在最大工作点两端采取相同的跟踪方法,就会对系统的稳定性造成很大影响[26];当光伏阵列工作在恒流源区时,光伏阵列输出电流只要有一丝波动,都会引起输出电压的剧烈变化,从而导致系统不稳定[27]。

(2) 多峰值问题。所谓的多峰值,是指 $P-V$ 曲线的极值点不唯一[28]。现实中,一旦光伏阵列被云层局部遮挡,或构成光伏阵列的光伏组件性能不均衡,常常就会导致多峰值现象。在多峰值条件下,采用常规的 MPPT 算法仅能够跟踪到功率的局部极值,而达不到光伏阵列的最大工作点。与此同时,多峰值现象出现时,光伏阵列不能在最佳状态下工作,使能量损失,甚至导致光伏组件损坏。

(3) 误跟踪问题。所谓的误跟踪,是指太阳光辐射度突变时,光伏发电系统输出功率发生剧烈变化,这种变化的原因是由扰动导致还是由外界因素变化导致,MPPT 算法并不能做出判断,这时会造成工作点的调整方向偏离最大工作点方向[29],特别是当有云层出现或消失时,容易发生误跟踪现象,造成能量损失[30]。

1.2.1.2　有功功率波动对电网的影响

光伏并网发电系统的有功功率是由光伏阵列输出提供的,其功率的波动主要是由太阳光辐射度的不可预知性和间歇性引起的。特别是在多云天气时,太阳光辐射度会随云层的出现和消失而剧烈变化,导致光伏并网发电系统发出的电能强烈波动,对电网的运行造成较大冲击。光伏并网发电系统的有功功率波动会引发下列问题[31,32]:

(1) 电能质量恶化。由于太阳光辐射度的不可预知性和间歇性,光伏并网发电系统输出的功率不稳定,会使电网电压产生波动,从而导致电网不稳定。当太阳光辐射度突然变弱时,光伏并网逆变器工作状态将变为轻负载模式,这时谐波电流会增大,并网的电能质量变差。

(2) 电网调度难度变大。当云层出现或消失、昼夜更替时,太阳光辐射度剧烈变化,电网调度设备频繁动作,对电网的调度运行产生影响。

(3) 引起设备误动作。光伏并网发电系统向电网输出的有功功率发生波动,导致电网中继电保护装置的保护区变小,从而影响它们的正常工作,造成设备误动作。

1.2.1.3 无功功率对电网的影响

整个电网的阻抗呈感性,电网传输能量时,既要消耗有功功率,也要消耗无功功率。光伏并网发电系统中的无功功率会引发下列问题[33,34]:

(1) 电能质量恶化。无功功率的增加,使变压器和线路的电压降增大,甚至破坏电网电压稳定性,导致其他设备不能正常运行,使电能质量恶化。

(2) 功率损失变大。无功功率的增加,使视在电流变大,用电设备和线路的功率损失也会相应变大。

1.2.2 国内外研究现状

1.2.2.1 最大功率点跟踪技术的研究现状

最简单的MPPT算法是恒电压控制法(Constant Voltage Tracking,CVT)[35],该方法结构简单,控制策略易于实现,在外界环境变化不大的情况下,具有很好的跟踪效果。但是,该方法没有考虑到太阳光辐射度、工作温度等对最大工作点电压的影响,一旦外界环境发生变化,特别是在一年四季或者昼夜温差较大、经常出现多云天气的地区,其最大工作点可能发生较大变化,若仍以原来设定的参考电压值作为被跟踪输出电压,便会出现功率损失大、系统效率低等问题。为了克服外界环境的影响,科研人员相继研发出一些恒电压控制法的改进方法,如手工调节法[36]、开路电压比例系数法[37]、短路电流比例系数法[38]、曲线拟合法[39]、查表法[40]和参考光伏电池法[41]等。这些方法属于基于参数选择方式的间接控制法,它们根据光伏阵列的实际参数和经验数据确定光伏阵列初始工作点来进行最大工作点跟踪,是 MPPT 跟踪的近似方法。由于没有真正实现实时跟踪与控制,这些方法误差相对较大,尤其容易受外界环境和自身工作状态影响而导致明显的误差。

目前,应用最为广泛的 MPPT 算法是定步长的干扰观测法,这种方法通过改变光伏阵列输出电压来改变光伏阵列的输出功率,直至寻找到光伏阵列的最大工作点。科研人员在此基础上,衍生出很多 MPPT 算法,如变步长干扰观测法[42]、电导增量法[43]和寄生电容法[44]等。这些方法是基于采样参数的直接控制法,它们不断对光伏阵列的输出电压、输出电流进行采样,然后对各采样周期的测量值进行比较,根据比较的结果控制光伏阵列的工作点,其精度比基于参数选择方式的间接控制法高,能够根据系统运行情况进行实时 MPPT,控制算法相对简单。

随着控制理论的发展,一些新的 MPPT 算法应运而生,如模糊逻辑控制法[45]、神经网络 MPPT 算法[46]、滑模控制法[47]等。这些智能 MPPT 算法虽然算法复杂、实验周期长、控制器成本高,但都具有较高的控制精度。

1.2.2.2 有功功率波动平抑控制技术的研究现状

针对光伏并网发电系统输出功率的波动问题,主要采用对光伏发电系统输出功率预测、加入可控微源及储能单元的措施来进行解决。

实验发现,通过对光伏发电输出功率的有效预测,可以了解光伏发电系统的运行特性,能为光伏并网发电系统的规划和设计提供重要的参考,同时还能解决与负荷的配合问题,有效减少光伏并网发电对电网的影响。目前,光伏并网发电系统输出功率预测通常是根据太阳光辐射度、环境温度、天气类型等参数,采用适用的算法建立输出功率预测模型,进而进行输出功率预测[48]。

根据可控微源的特性,将它与光伏发电有机结合,从而减少并网有功波动,提高并网发电的可靠性。常用的可控微源有微型燃气轮机及风机等。其中,微型燃气轮机通过时间序列法来预测光伏发电与负荷功率,提前改变微型燃气轮机输出功率,从而减小光伏并网发电的有功波动[49,50]。

在光伏并网发电系统中增加储能单元,通过对储能单元的实时调节,也能实现有功功率的平稳输出。当光伏发电输出功率不足时,储能单元通过释放电能对有功功率进行补偿;当光伏发电有盈余时,储能单元将电能存储起来。

1.2.2.3 无功补偿控制技术的研究现状

2000 年,Kiyoshi T 等人首先提出了一种多功能功率调节装置,这种功率调节装置不但具有平滑光伏输出功率波动和负载扰动的功能,还能补偿高次谐波电流和无功功率[51];2001 年,Isao T 等人提出一种混合型分布式电源系统,将超导储能系统和光伏并网发电系统有机结合,从而有效地减少暂态冲击的影响,快速响应无功波动,保证系统的稳定性[52];2008 年,Fei Kong 等人提出通过串联连接的光伏并网逆变器的方式对无功功率进行补偿[53];2010 年,Yonghua Cheng 提出了通过智能电网的方式对无功功率进行补偿[54];2011 年,Bin Li 提出通过联网控制方法来解决无功波动,该方法既能充分利用光伏电能,又能在带有波动性无功负载的情况下维持电压的稳定[55];2012 年,Rahmani S 等人提出可以采用基于电流控制的并网逆变控制方法对无功功率进行补偿,此时逆变器不但实现了并网逆变的功能,还实现了有源滤波器的功能[56]。

国内很多高校和科研机构在光伏并网发电领域的相关研究中取得了不错的成就。其中,合肥工业大学对户用型光伏并网发电系统的结构及其无功补偿控制方法开展了深入的研究工作[57-60];中科院新能源研究所致力于光伏并网发电系统的工程实践和应用[61,62],成功安装了许多光伏电站,如深圳国际园林花卉博览园电站[63];清华大学、上海大学和青海新能源研究所等也在光伏并网发电领域开展了大量的研究[64-66]。此外,合肥阳光、冠亚电源和致茂电子等生产厂家积极与高校和科研机构合作,研究光伏并网发电系统关键装置和设备,现已开发出各种规格的光伏并网逆变器、多参量环境检测仪、无线监控设备和专业的光伏测试设备等产品。并且,很多产品已经被应用到国内外并已投入并网发电的项目中,这标志着我国在光伏并网发电领域取得了可喜的进步。但是不可否认的是,我国的光伏并网发电技术研究与世界发达国家相比还有较大差距。因此,政府还需继续加强光伏政策支持,大力发展国内市场。

1.3 本书的主要研究内容

本书通过对光伏并网发电 MPPT 控制、有功补偿控制、无功补偿控制、模拟实验平台的设计及数字控制系统设计等关键理论与技术开展研究,实现光伏并网发电系统的功率控制。主要研究内容如下:

(1) 综述光伏发电的历史与近况,分析光伏并网发电存在的主要技术瓶颈和研究现状。

(2) 分析光伏并网发电系统的主要结构,研究一种能够同时实现有功功率和无功功率补偿控制的系统构成,并对系统的主要部件进行机理和数学模型的研究。

(3) 提出光伏组件的一种简化数学模型,研究光伏组件在不同太阳光辐射度及工作温度下的外特性,分析 MPPT 机理,在此基础上,比较、研究基于恒电压控制法、干扰观测法及最小二乘支持向量机法的 MPPT 算法,比较分析各种 MPPT 算法的优、缺点。

(4) 为了提升储能系统的性能,研究超级电容和蓄电池的混合储能系统结构特性,提出基于超级电容与蓄电池的主动式混合能系统有功功率补偿控制策略。

(5) 为了拓展光伏并网逆变器的功能,在分析并网逆变器主电路与静止同步无功补偿装置主电路结构特性的基础上,将空间电压矢量脉冲调制(Space Vector Pulse Width Modulation,SVPWM)技术与光伏并网发电技术相结合,实现光伏并网发电与无功补偿一体化控制策略。

(6) 最后,搭建光伏并网发电系统模拟实验平台,构建以 DSP + CPLD 数字信号处理器为核心的控制系统,进行相关仿真和实验。

第 2 章　光伏并网发电功率控制结构与原理

传统的光伏并网发电系统包括光伏阵列、并网逆变器和电网 3 部分。其中,光伏阵列是太阳能收集和变换装置,其作用是吸收太阳辐射的光能并将其转换成直流电;并网逆变器是整个光伏并网发电系统的接口装置,其作用是将直流电转换成交流电并接入电网;电网是枢纽,其作用是输送并分配电能。光伏发电系统只能给电网提供有功功率,不能提供无功功率,且有功功率极易受到太阳光辐射度、环境温度等外界环境的影响,功率波动性大,是一种间断的、不稳定的能量,会对电网产生冲击。为了充分发挥光伏并网发电系统的优点,扩展功能,使其输出高品质的电能,本章分析各种类型的光伏并网发电系统,并在研究其工作原理的基础上,提出一种具有稳定有功功率输出及无功补偿功能的光伏并网发电系统拓扑结构,从而提高光伏并网发电的电能质量,实现“绿色电能变换”。

2.1　典型的光伏并网发电系统结构

2.1.1　可调度与不可调度系统

根据光伏并网发电系统的实现功能,可将其分为可调度光伏并网发电系统和不可调度光伏并网发电系统,它们最主要的差异表现为系统中是否有能量存储装置,如图 2-1 和图 2-2 所示。

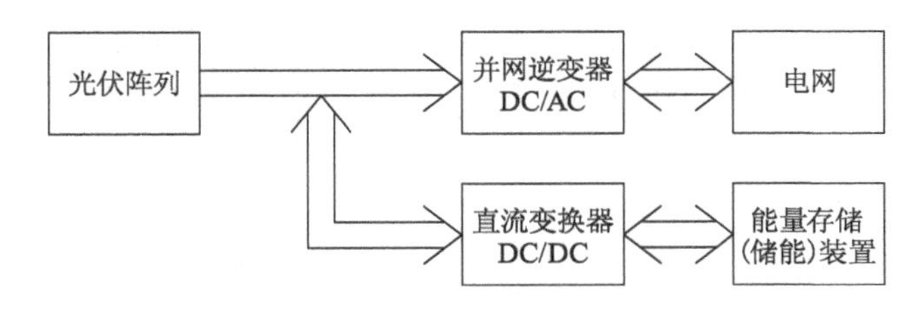

图 2-1　可调度光伏并网发电系统

图 2-2　不可调度光伏并网发电系统/单级式非隔离型光伏并网发电系统

可调度光伏并网发电系统包括光伏阵列、双向 DC/DC 变换器、双向并网逆变器和能量存储装置等。该系统一方面将由太阳光能转换成的直流电通过双向 DC/DC 变换器转换成与能量存储装置电压等级匹配的直流电存储在储能装置中,另一方面将直流电通过双向并网逆变器转换成交流电接入电网或提供给本地负载使用。双向 DC/DC 变换器在实现直流电变换的同时,还能对储能装置进行控制,从而实现系统功能的要求:停电时,释放存储在储能装置里的电能,对本地重要负载继续供电,实现不间断电源(Uninterruptible Power Supply,UPS)的功能;实时调节储能装置输出功率的大小,就能够实现对有功功率的补偿,当配置较大容量的储能装置时,还能实现一定的电网调峰功能;光伏阵列停止工作或储能装置存储的能量消耗殆尽时,通过双向并网逆变器及双向 DC/DC 变换器的协同控制,实现电网对储能装置的电能补充。

不可调度光伏并网发电系统中没有储能装置,仅包括光伏阵列、并网逆变器和电网[67]。白天,不可调度光伏并网发电系统除了能将太阳辐射的光能转换成电能供给本地负载使用外,还能将多余的电能回馈给电网;阴雨天或夜间,由于光伏阵列不能实现"光生伏打效应",不可调度光伏并网发电系统不工作,必须由电网担负起对负载供电的任务。

综上所述,可调度光伏并网发电系统与不可调度系统相比,设计方式灵活,能够实现有功功率的补偿,还具有 UPS 和电网调峰的功能,并网电能质量高,系统的可靠性进一步增强。

2.1.2 隔离型与非隔离型系统

根据光伏并网发电系统的电路结构,可将其分为隔离型[68,69]和非隔离型[70]两种,它们最主要的差异表现为系统中是否有变压器。

隔离型光伏并网发电系统配置变压器,由变压器完成电压匹配和电气隔离作用。变压器按照工作频率的不同,分为工频型和高频型两类,如图 2-3 和图 2-4 所示。高频隔离型与工频隔离型光伏并网发电系统相比,其工作频率和效率更高,体积和重量更小。

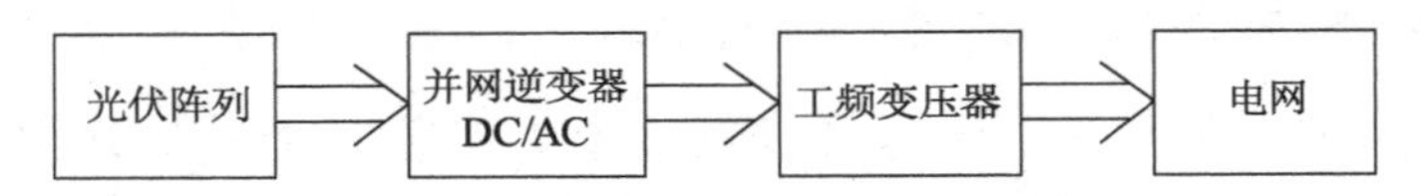

图 2-3　工频隔离型/单级式隔离型光伏并网发电系统

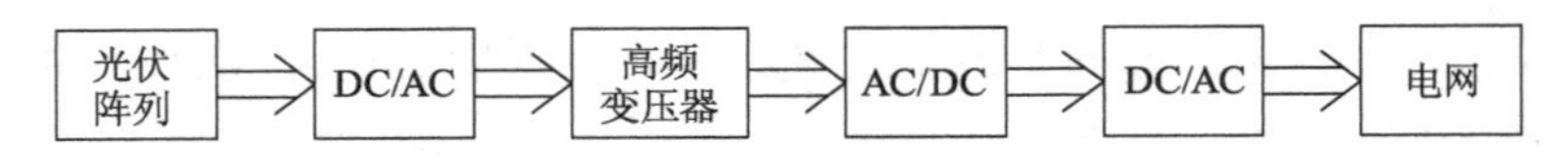

图 2-4　高频隔离型光伏并网发电系统

非隔离型光伏并网发电系统不配置变压器,避免了变压器在能量变换过程中的能量损失,因此系统结构简单、成本较低、效率较高,但是对整个系统提出了较高的绝缘要求,其系统结构与图 2-2 一致。

2.1.3 单级式、两级式与多级式系统

根据并网逆变器拓扑结构的不同,可将光伏并网发电系统分为单级式结构、两级式结构和多级式结构 3 类,它们最主要的差异表现为整个系统功率变换环节的级数。

根据是否配置变压器,单级式光伏并网发电系统又可分为单级式非隔离型和单级式隔离型,如图 2-2 和图 2-3 所示。其中单级式非隔离型光伏并网发电系统由于没有变压器进行升压,因此必须将更多的光伏组件进行串联,以达到足够的直流输出电压,再经过功率变换环节实现 MPPT、逆变和并网功能。

两级式光伏并网发电系统结构如图 2-5 所示。该系统由两个

功率变换环节构成:第一级的 DC/DC 变换环节是一个 BOOST(升压)电路,能同时实现直流升压和 MPPT 功能,第二级的 DC/AC 变换环节能同时实现逆变和并网功能。

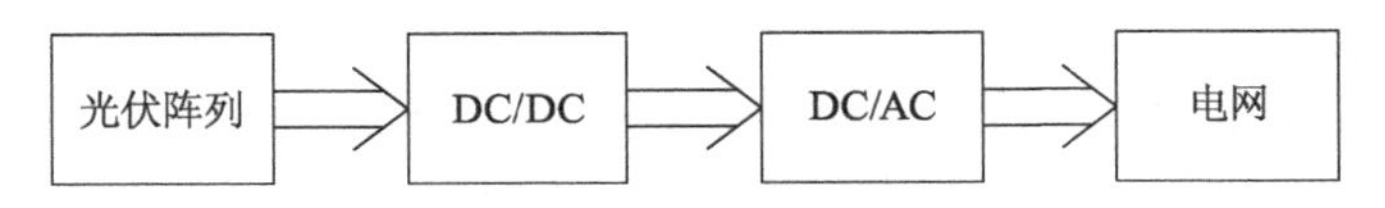

图 2-5　两级式光伏并网发电系统

多级式光伏并网发电系统结构如图 2-6 所示[71]。该系统由 3 个功率变换环节构成:第一级的 BOOST 电路实现直流升压和 MPPT 功能;第二级的推挽电路实现电流的正弦半波输出及电气隔离功能;第三级 DC/AC 变换环节实现逆变和并网功能。

图 2-6　多级式光伏并网发电系统

2.1.4　典型系统性能比较

各种光伏并网发电系统性能对比见表 2-1,从中可以发现:单级式非隔离型与两级式光伏并网发电系统具有较高的能量转换效率,性价比较高,得到了广泛应用。其中,两级式光伏并网发电系统由于具有两个功率变换环节,因此可以将最大功率跟踪功能集成在 DC/DC 变换器中,将并网功能集成在 DC/AC 变换器中,从而使前后级耦合小,每级的控制算法复杂度降低,整个系统的设计灵活性增强,便于模块化设计与集成。

表 2-1　各种光伏并网发电系统性能对比

类型	单级式隔离型	单级式非隔离型	两级式	多级式
效率	低	高	较高	低
成本	较高	较低	较高	高
控制算法复杂度	高	高	较低	低
系统设计灵活性	低	低	高	高

2.2 功率补偿光伏并网发电系统结构与性能分析

2.2.1 系统基本结构

根据能够同时实现对有功功率的波动进行有效抑制和对负载线路的无功功率进行补偿的控制要求，具有功率补偿功能的光伏并网系统应该具有储能单元及无功补偿装置。

2.2.1.1 典型的储能单元

储能单元能实现电能和其他形式能量的转换与存储，将储能技术应用于光伏并网发电系统中，当光伏系统输出有功功率发生波动时，通过对储能系统的控制，可以有效抑制光伏发电输出功率的波动，实现恒功率输出，从而提高并网的电能质量和稳定性。

在光伏发电系统中，作为储能单元的最典型形式，蓄电池的应用尤为广泛。蓄电池根据使用化学物质的不同，分为铅酸电池、锂离子电池、液流电池等。铅酸电池技术成熟、成本低、可靠性高，能量密度大，被广泛应用于光伏发电系统中用于解决功率波动、电压跌落和瞬时供电中断等问题。蓄电池是通过化学储能方式实现储能的，除此以外，物理储能方式和电磁储能方式也被应用于光伏并网发电中，常见储能单元的性能对比见表 2-2。

表 2-2 常见储能单元的性能对比

储能方式	储能类型	典型功率	典型能量	应用方向
物理储能	抽水储能	100 ~ 2 000 MW	4 ~ 10 h	日负荷调节、频率控制和系统备用
	压缩空气储能	100 ~ 300 MW	6 ~ 20 h	调峰发电厂，系统备用电源
	微型压缩空气储能	10 ~ 50 MW	1 ~ 4 h	调峰
	飞轮储能	5 kW ~ 1.5 MW	15 s ~ 15 min	调峰、频率控制、UPS、电能质量调节、输配电系统稳定性调节

续表

储能方式	储能类型	典型功率	典型能量	应用方向
电磁储能	超导储能	10 kW ~ 1 MW	5 s ~ 5 min	UPS、电能质量调节、输配电系统稳定性调节
	超级电容器储能	1 ~ 100 kW	1 s ~ 1 min	调峰、频率控制、UPS、电能质量调节、输配电系统稳定性调节
化学储能	铅酸电池	1 kW ~ 50 MW	1 min ~ 3 h	电能质量调节、备用电源、黑启动、UPS
	先进电池技术，如NaS、VRLA、Li等	kW级 ~ MW级	数分钟至数小时	应用比较广泛
	液流电池，如ZnBr、NaBr等	1 ~ 100 MW	1 ~ 20 h	电能质量，可靠性，备用电源、调峰、能量管理、再生能源集成

2.2.1.2　无功补偿装置

整个光伏并网发电系统的阻抗是呈感性的，系统在传输能量时，既要消耗有功功率，也要消耗无功功率。在光伏并网发电系统中增设无功补偿装置，可以提供感性负载所消耗的无功功率，从而减小用电设备和线路的功率损耗，改善并网的电能质量。

早期的无功补偿装置，以机械开关投切电容器组（Mechanical Switch Capacity，MSC）、同步调相机（Synchronous Condenser，SC）和饱和电抗器（Saturated Reactor，SR）为代表。现代无功补偿装置以静止无功补偿器（Static Var Compensator，SVC）和静止同步补偿器（Static Synchronous Compensator，STATCOM）为代表。常见的无功补偿装置性能对比见表2-3（表中，TSC是晶闸管投切电容Thyristor Switch Capacitor的缩写，TCR是晶闸管控制电抗器Thyristor Controlled Reactor的缩写）。其中，STATCOM通常采用电压型桥式电路并联于电网中，相当于一个可控的无功电流源，其无功电流可以快速地跟随负载无功电流的改变而改变,能实时、快速、准确地补偿电网所需无功功率,因此,其应用尤为广泛。

表 2-3　常见的无功补偿装置性能对比

性能	MSC	SC	SR	SVC			STATCOM
				TSC	MSC + TCR	TSC + TCR	
调节范围	超前	超前/滞后	超前/滞后	超前	超前/滞后	超前/滞后	超前/滞后
控制方式	不连续	连续	连续	不连续	连续	连续	连续
灵活性	差	好	差	好	好	好	很好
响应速度	较快	慢	快	快	快	快	最快
调节精度	差	好	好	差	好	好	最好
高次谐波	无	少	少	无	多	多	少
控制难易	简单	简单	简单	稍复杂	稍复杂	稍复杂	复杂
技术成熟度	好	好	好	好	好	好	一般
噪声	小	大	大	小	小	小	小
分相调节	可以	有限	不可以	有限	可以	可以	可以
单位投资	低	高	中等	中等	中等	中等	高

2.2.1.3　总体结构

蓄电池虽然应用广泛,但是充电时间长、功率密度低、维护成本高。在光伏并网发电系统中,光伏阵列的输出功率会随太阳光辐射度、工作温度等外界环境地变化而频繁变化,蓄电池会进行频繁的充放电,从而进一步加剧蓄电池的老化速度和使用寿命,无形中增加了系统的维护成本。超级电容经过几十年的发展,已形成各种电压等级、规格齐全的系列化产品,可瞬间释放大功率,在电力系统中多用于短时间、大功率的负载平滑和高峰值功率场合,在电压跌落和瞬态干扰期间提高供电水平。结合蓄电池与超级电容各自的优点,可以构成具有大功率输出功能的复合储能系统,从而充分发挥超级电容瞬时输出功率大、使用寿命长和蓄电池存储能量大的优点,大幅提升储能系统的性能,并能有效减小整个储能系统的体积,提高储能系统设计的灵活性。因此,本书的储能系统采用基于蓄电池和超级电容的大功率复合储能系统。

STATCOM 具有实时、快速、准确的无功补偿功能，因此得到了广泛的应用。此外，STATCOM 主电路采用的是电压型桥式电路，这与光伏并网逆变器的结构相一致，因此可以在现有并网逆变器主电路的基础上对其控制电路进行改造，从而实现对光伏并网逆变器并网发电与无功补偿功能的复用。

将大功率复合储能系统及具有 STATCOM 功能的并网逆变器应用到光伏并网发电系统中，组成光伏并网发电功率控制系统，其结构如图 2-7 所示。

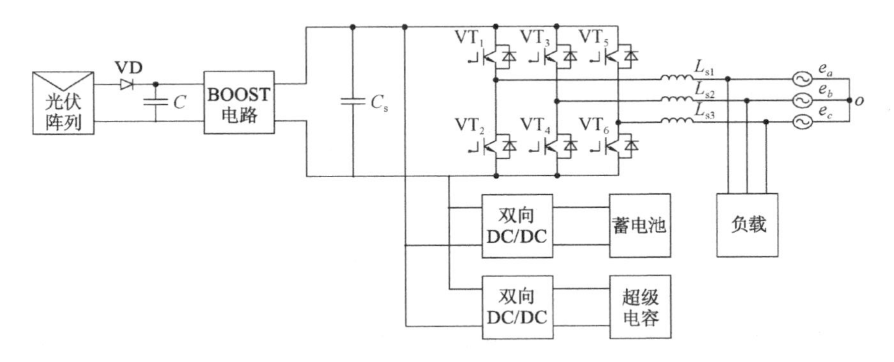

图 2-7　光伏并网发电功率控制系统结构

2.2.2　系统主要功能

光伏并网发电功率控制系统的功能为：系统采用可调度两级式结构（前级 BOOST 电路和后级 DC/AC 电路）将太阳辐射的光能转换为交流电并接入电网；通过储能单元的控制，可以实现有功补偿功能；通过并网逆变器的控制，可以实现并网、无功功率补偿功能。

为实现系统对有功功率的补偿控制，采取了基于超级电容与蓄电池的全主动式混合储能结构，超级电容和蓄电池分别通过一个 DC/DC 变换器与直流母线相连，这样整个混合储能系统的设计灵活性增强，超级电容和蓄电池的优势实现互补，减少存储成本；为实现系统对无功功率的补偿控制，在三相桥式并网逆变器主电路结构的基础上，通过控制算法的优化设计，使得在不增加额外的无功补偿装置的前提下，实现对光伏并网发电系统负载线路中无功功率的补偿。

综上所述，上述光伏并网发电功率控制系统具有较高的灵活性，可以实现有功和无功功率的补偿，改善了光伏并网发电的电能质量，提高了系统利用率，降低了能量损耗，节省了设备投资，拓展了光伏并网发电系统的功能。

2.3 具有有功、无功补偿功能的双向功率变换器结构与原理分析

光伏并网发电功率控制系统是通过对功率变换器的控制来实现有功和无功功率的补偿，其功率变换器包括双向 DC/DC 变换器和双向 PWM 逆变器。

2.3.1 双向 DC/DC 变换器

2.3.1.1 双向 DC/DC 变换器的结构

典型的双向 DC/DC 变换器是由 BUCK 电路（降压式变换电路）和 BOOST 电路反向并联而成，又称为 BUCK/BOOST 双向 DC/DC 变换器，由开关管 VT_1、VT_2，二极管 D_1、D_2，滤波电感 L，以及滤波电容 C_1、C_2 组成，其主电路拓扑结构如图 2-8 所示。

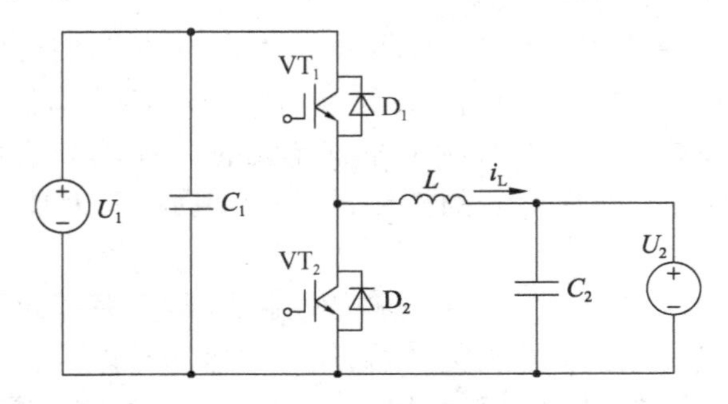

图 2-8 BUCK/BOOST 双向 DC/DC 变换器

2.3.1.2　双向 DC/DC 变换器的工作原理

双向 DC/DC 变换器的工作原理是：在不改变电压极性的条件下，根据控制要求，通过控制开关管的通、断，使带有滤波器的负载线路与直流电源时而导通，时而断开，在负载上得到另一个电压等级的直流电压，并同时改变电流的极性，实现能量双向流动。

BUCK/BOOST 双向 DC/DC 变换器采用互补 PWM 工作方式，开关管 VT_1 导通时，开关管 VT_2 关断，反之亦然，无论何时，两个开关管 VT_1 和 VT_2 的驱动信号都是互补的。

采用互补 PWM 方式，电感电流 i_L 在一个开关周期内电流流动方向会交替改变，如图 2-9 所示。在一个开关周期内，会出现 BUCK 和 BOOST 2 种工作方式和 4 种开关方式。

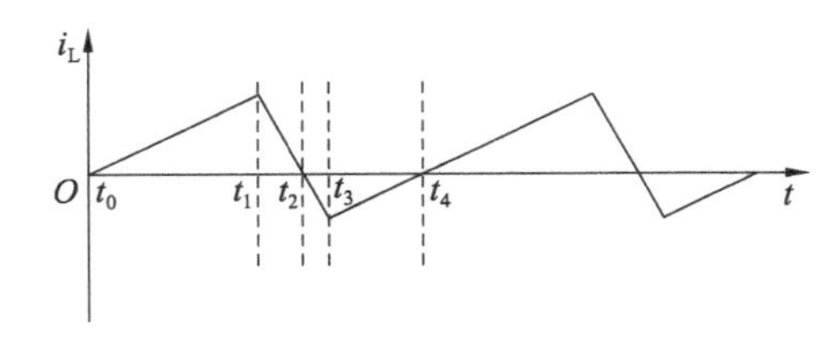

图 2-9　电感电流波形

BUCK 模式的等效电路如图 2-10a 和图 2-10b 所示，此时能量从高压侧向低压侧流动。在 $t_0 \sim t_1$ 期间，开关管 VT_1 接通，VT_2 断开，U_1 和 C_2 同时给 U_2 供电，电感 L 充电，电感电流 i_L 从零开始逐渐变大，i_L 的方向沿 U_1 正极方向向 U_2 正极方向流动，如图 2-10a 所示。在 $t_1 \sim t_2$ 期间，开关管 VT_1 和 VT_2 断开，二极管 D_2 续流接通，电感 L 在放电的同时对 U_1 供电，电感电流 i_L 正向减小到零，i_L 的方向不变，如图 2-10b 所示。

BOOST 方式的等效电路如图 2-11a 和图 2-11b 所示，此时能量从低压侧向高压侧流动。在 $t_2 \sim t_3$ 期间，开关管 VT_1 断开，VT_2 接通，U_2 对电感 L 充电，电感电流 i_L 从零开始反向变大，同时电容 C_1 通过放电的方式对 U_1 供电，如图 2-11a 所示。在 $t_3 \sim t_4$ 期间，开关管 VT_1 和 VT_2 断开，二极管 D_1 续流接通，电感 L 放电并继续对 U_1 供电，电感电流 i_L 反向减小到零，i_L 的方向沿 U_2 正极方向向 U_1 正极方向流动，如图 2-11b 所示。

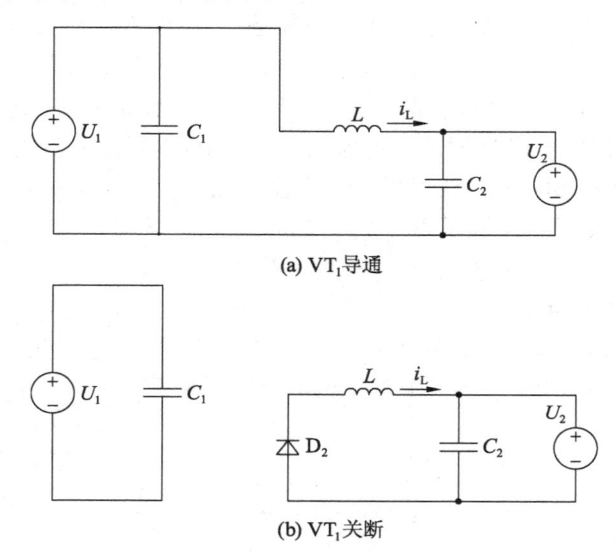

(a) VT_1导通

(b) VT_1关断

图 2-10　BUCK 模式等效电路

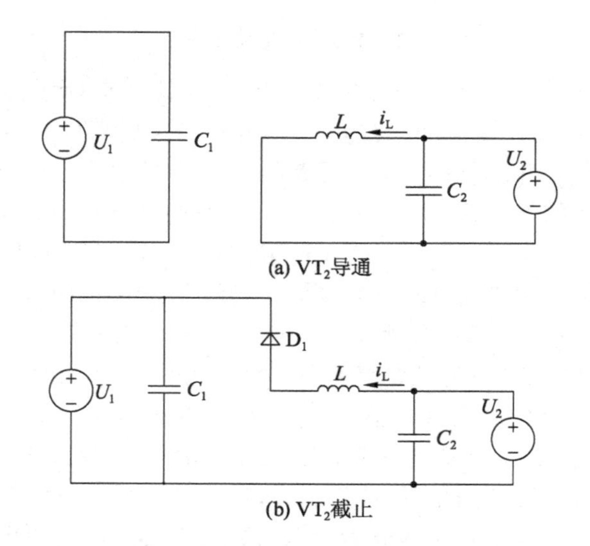

(a) VT_2导通

(b) VT_2截止

图 2-11　BOOST 模式等效电路

2.3.2　双向 PWM 逆变器

2.3.2.1　双向 PWM 逆变器的结构

光伏并网逆变器一般采用电压型桥式电路，其实际上是一个双向 PWM 逆变器，如图 2-12 所示。双向 PWM 逆变器是一个能在四象限运行的变流装置[75]，其交、直流侧均可控。光伏阵列向电网馈送能量时，双向 PWM 逆变器工作在有源逆变方式；负载和储能单元从电网吸收电能时，其工作在整流方式。

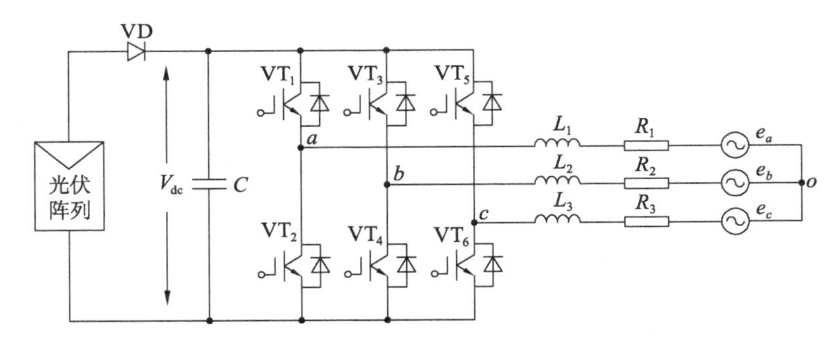

图 2-12　双向 PWM 逆变器的结构

2.3.2.2　双向 PWM 逆变器的数学模型

针对双向 PWM 逆变器[73,74]在三相静止 abc 坐标系下数学模型的建立，做如下假设：

① 电网电动势为三相对称正弦电压（e_a，e_b，e_c）；

② 电网侧滤波电感 L 是线性的，且不考虑饱和；

③ 开关管为理想开关，导通和关断没有延迟，且损耗为零；

④ 为描述双向 PWM 逆变器能量的双向流动，其直流侧负载由直流电压源 e_L 和电阻 R_L 串联表示。

经过上述假设后的双向 PWM 逆变器主电路可由图 2-13 等效表示。

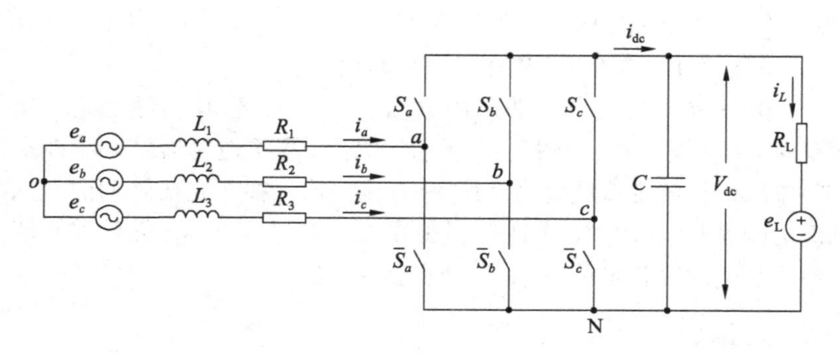

图 2-13　双向 PWM 逆变器主电路

设三相对称电网电动势为

$$\begin{cases} e_a = E_m \cos \omega t \\ e_b = E_m \cos(\omega t - \dfrac{2\pi}{3}) \\ e_c = E_m \cos(\omega t + \dfrac{2\pi}{3}) \end{cases} \tag{2-1}$$

设 S_i 为

$$S_i = \begin{cases} 1, \text{上桥臂接通,下桥臂断开} \\ 0, \text{上桥臂断开,下桥臂接通} \end{cases} \quad (i = a, b, c) \tag{2-2}$$

双向 PWM 逆变器的电压回路方程为

$$\begin{cases} L\dfrac{\mathrm{d}i_a}{\mathrm{d}t} + Ri_a = e_a - (V_{aN} + V_{No}) \\ L\dfrac{\mathrm{d}i_b}{\mathrm{d}t} + Ri_b = e_b - (V_{bN} + V_{No}) \\ L\dfrac{\mathrm{d}i_c}{\mathrm{d}t} + Ri_c = e_c - (V_{bN} + V_{No}) \end{cases} \tag{2-3}$$

当开关函数 $S_a = 1$ 时，$V_{aN} = V_{dc}$；当开关函数 $S_a = 0$ 时，$V_{aN} = 0$。可得

$$\begin{cases} V_{aN} = V_{dc} S_a \\ V_{bN} = V_{dc} S_b \\ V_{cN} = V_{dc} S_c \end{cases} \tag{2-4}$$

将式(2-4)代入式(2-3)，可得

$$\begin{cases} L\dfrac{\mathrm{d}i_a}{\mathrm{d}t}+Ri_a=e_a-(V_{\mathrm{dc}}S_a+V_{\mathrm{No}}) \\ L\dfrac{\mathrm{d}i_b}{\mathrm{d}t}+Ri_b=e_b-(V_{\mathrm{dc}}S_b+V_{\mathrm{No}}) \\ L\dfrac{\mathrm{d}i_c}{\mathrm{d}t}+Ri_c=e_c-(V_{\mathrm{dc}}S_c+V_{\mathrm{No}}) \end{cases} \tag{2-5}$$

考虑三相对称系统，则有

$$e_a+e_b+e_c=0 \tag{2-6}$$

$$i_a+i_b+i_c=0 \tag{2-7}$$

联立式(2-6)和(2-7)，得

$$V_{\mathrm{No}}=-\frac{V_{\mathrm{dc}}}{3}\sum_{k=a,b,c}S_k \tag{2-8}$$

在图 2-13 中，任何时刻都有三个开关管接通，开关方式总数为 $2^3=8$ 种，则直流侧电流 i_{dc} 为

$$\begin{aligned} i_{\mathrm{dc}} &= i_aS_a\bar{S}_b\bar{S}_c+i_bS_b\bar{S}_c\bar{S}_a+i_cS_c\bar{S}_a\bar{S}_b+(i_a+i_b)S_aS_b\bar{S}_c+ \\ &\quad (i_a+i_c)S_aS_c\bar{S}_b+(i_b+i_c)S_bS_c\bar{S}_a+(i_a+i_b+i_c)S_aS_bS_c \\ &= i_aS_a+i_bS_b+i_cS_c \end{aligned} \tag{2-9}$$

根据 KCL 定律(基尔霍夫电流定律)，有

$$C\frac{\mathrm{d}V_{\mathrm{dc}}}{\mathrm{d}t}=i_aS_a+i_bS_b+i_cS_c-\frac{V_{\mathrm{dc}}-e_{\mathrm{L}}}{R_{\mathrm{L}}}=i_aS_a+i_bS_b+i_cS_c-i_{\mathrm{L}} \tag{2-10}$$

式中，i_{L} 是负载电流。

联立式(2-2)～(2-10)，可得双向 PWM 逆变器在三相静止 abc 坐标系下的数学模型为

$$\begin{cases} L\dfrac{\mathrm{d}i_k}{\mathrm{d}t}+Ri_k=e_k-V_{\mathrm{dc}}\left(\mathrm{S}_k-\dfrac{1}{3}\sum\limits_{j=a,b,c}\mathrm{S}_j\right) \\ C\dfrac{\mathrm{d}V_{\mathrm{dc}}}{\mathrm{d}t}=\sum\limits_{k=a,b,c}i_k\mathrm{S}_k-i_{\mathrm{L}} \\ \sum\limits_{k=a,b,c}e_k=\sum\limits_{k=a,b,c}i_k=0 \end{cases} \tag{2-11}$$

在上述模型中，双向 PWM 逆变器交流侧电压、电流随时间变化而变化，不利于系统设计。因此，采用坐标变换，将 abc 坐标系转换成两相静止垂直 $\alpha\beta$ 坐标系，再将 $\alpha\beta$ 坐标系变换成以电网基波频率同步旋转的两相 dq 坐标系。经过以上坐标变换，abc 坐标系下的基波正弦变量将变换为 dq 坐标系下的直流变量，使得控制系统设计变得简单。

采用“等量”坐标变换将三相静止 abc 坐标系转换为两相静止垂直 $\alpha\beta$ 坐标系。

图 2-14 为三相静止 abc 坐标系与两相静止垂直 $\alpha\beta$ 坐标系的关系图，其中 a 轴与 α 轴同轴，a 轴滞后 β 轴 90°相角。

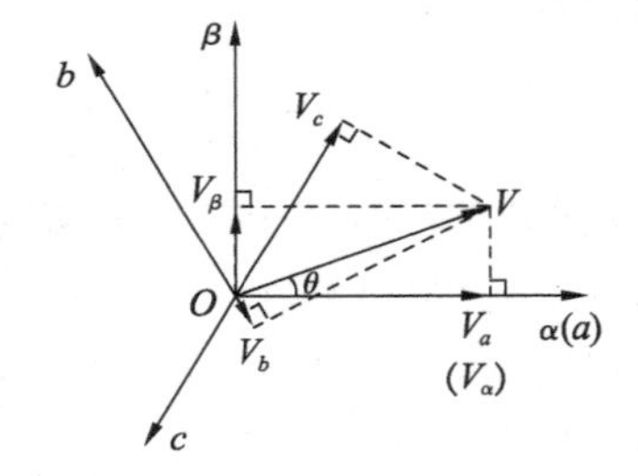

图 2-14　三相静止坐标系与两相静止垂直坐标系的关系图

若电压矢量 V 与 α 轴相角为 θ，则 V 在 α，β 轴上的投影满足

$$\begin{cases} V_\alpha = V_{\mathrm{m}}\cos\theta \\ V_\beta = V_{\mathrm{m}}\sin\theta \\ V_{\mathrm{m}} = \sqrt{V_\alpha^2 + V_\beta^2} \end{cases} \tag{2-12}$$

电压矢量 V 在 a，b，c 三轴上的投影为

$$\begin{cases} V_a = V_{\mathrm{m}}\cos\theta \\ V_b = V_{\mathrm{m}}\cos(\theta - 120^\circ) \\ V_c = V_{\mathrm{m}}\cos(\theta + 120^\circ) \end{cases} \tag{2-13}$$

由三角函数关系式可得

$$\cos\theta = \frac{2}{3}[\cos\theta + \cos(\theta - 120^\circ)\cos 120^\circ + \cos(\theta + 120^\circ)\cos 120^\circ]$$

$$= \frac{2}{3}\left[\cos\ \theta - \frac{1}{2}\cos(\theta - 120°) - \frac{1}{2}\cos(\theta + 120°)\right] \tag{2-14}$$

$$\sin\ \theta = \frac{2}{3}[\cos(\theta - 120°)\sin 120° +$$

$$\cos(\theta + 120°)\sin(-120°)]$$

$$= \frac{2}{3}\left[\frac{\sqrt{3}}{2}\cos(\theta - 120°) - \frac{\sqrt{3}}{2}\cos(\theta + 120°)\right] \tag{2-15}$$

联立式(2-12) ~ (2-15)可得

$$V_\alpha = \frac{2}{3}\left[V_\mathrm{m}\cos\ \theta - \frac{1}{2}V_\mathrm{m}\cos(\theta - 120°) - \frac{1}{2}V_\mathrm{m}\cos(\theta + 120°)\right]$$

$$= \frac{2}{3}\left(V_a - \frac{1}{2}V_b - \frac{1}{2}V_c\right) \tag{2-16}$$

$$V_\beta = \frac{2}{3}\left[\frac{\sqrt{3}}{2}V_\mathrm{m}\cos(\theta - 120°) - \frac{\sqrt{3}}{2}V_\mathrm{m}\cos(\theta + 120°)\right]$$

$$= \frac{2}{3}\left(\frac{\sqrt{3}}{2}V_b - \frac{\sqrt{3}}{2}V_c\right) \tag{2-17}$$

将式(2-16)和式(2-17)写成矩阵形式为

$$\begin{bmatrix} V_\alpha \\ V_\beta \end{bmatrix} = \frac{2}{3}\begin{bmatrix} 1 & -\frac{1}{2} & -\frac{1}{2} \\ 0 & \frac{\sqrt{3}}{2} & -\frac{\sqrt{3}}{2} \end{bmatrix}\begin{bmatrix} V_a \\ V_b \\ V_c \end{bmatrix} \tag{2-18}$$

令零轴分量为

$$V_0 = \frac{1}{3}(V_a + V_b + V_c) \tag{2-19}$$

联立式(2-18)和式(2-19),得

$$\begin{bmatrix} V_\alpha \\ V_\beta \\ V_0 \end{bmatrix} = \frac{2}{3}\begin{bmatrix} 1 & -\frac{1}{2} & -\frac{1}{2} \\ 0 & \frac{\sqrt{3}}{2} & -\frac{\sqrt{3}}{2} \\ \frac{1}{2} & \frac{1}{2} & \frac{1}{2} \end{bmatrix}\begin{bmatrix} V_a \\ V_b \\ V_c \end{bmatrix} = \boldsymbol{C}_{3s/2s}\begin{bmatrix} V_a \\ V_b \\ V_c \end{bmatrix} \tag{2-20}$$

式中,$\boldsymbol{C}_{3s/2s}$是 abc 坐标系变换到 $\alpha\beta$ 坐标系的变换矩阵。

根据以上的分析及结论，得到双向 PWM 逆变器在 $\alpha\beta$ 中的数学模型

$$\begin{cases} C\dfrac{\mathrm{d}V_{\mathrm{dc}}}{\mathrm{d}t}=\dfrac{3}{2}(i_\alpha \boldsymbol{S}_\alpha+i_\beta \boldsymbol{S}_\beta)-i_L \\ L\dfrac{\mathrm{d}i_\alpha}{\mathrm{d}t}+Ri_\alpha=e_\alpha-V_{\mathrm{dc}}\boldsymbol{S}_\alpha \\ L\dfrac{\mathrm{d}i_\beta}{\mathrm{d}t}+Ri_\beta=e_\beta-V_{\mathrm{dc}}\boldsymbol{S}_\beta \end{cases} \tag{2-21}$$

图 2-15 是电压矢量 V 在 $\alpha\beta$ 坐标系与 dq 坐标系上的投影。其中，dq 坐标系以角速度 ω 旋转，θ 为 d 轴与 α 轴的夹角。θ_0 为初始角，设 $\theta_0=0$，可得 $\theta=\omega t$，$\omega=2\pi f$。

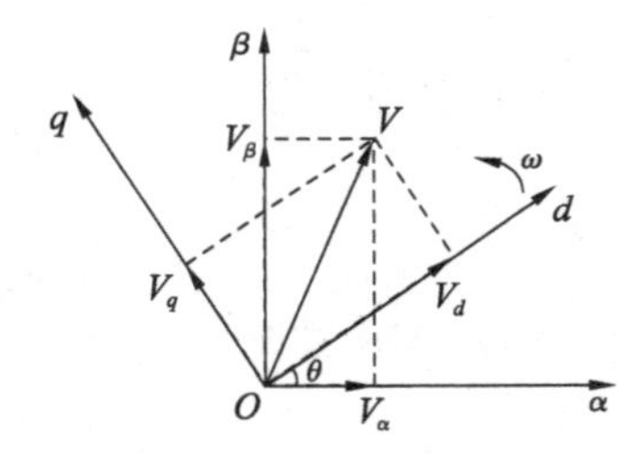

图 2-15　两相静止坐标系与两相同步旋转坐标系的关系图

根据图 2-15，可以得到 V_α、V_β 与 V_d、V_q 的关系为

$$\begin{cases} V_\alpha=V_d\cos\theta-V_q\sin\theta \\ V_\beta=V_d\sin\theta+V_q\cos\theta \end{cases} \tag{2-22}$$

由式(2-22)可得

$$\begin{cases} V_d=V_\alpha\cos\theta+V_\beta\sin\theta \\ V_q=-V_\alpha\sin\theta+V_\beta\cos\theta \end{cases} \tag{2-23}$$

将式(2-23)写成矩阵形式为

$$\begin{bmatrix} V_d \\ V_q \end{bmatrix}=\begin{bmatrix} \cos\theta & \sin\theta \\ -\sin\theta & \cos\theta \end{bmatrix}\begin{bmatrix} V_\alpha \\ V_\beta \end{bmatrix}=\boldsymbol{C}_{2s/2r}\begin{bmatrix} V_\alpha \\ V_\beta \end{bmatrix} \tag{2-24}$$

式中，$\boldsymbol{C}_{2s/2r}$ 为 $\alpha\beta$ 坐标系到 dp 坐标系的变换矩阵。

通过两相静止垂直 $\alpha\beta$ 坐标系下的数学模型，可得两相旋转 dq

坐标系下的数学模型。其中,d 轴代表有功分量,q 轴代表无功分量。

$$\begin{cases} C\dfrac{\mathrm{d}V_{\mathrm{dc}}}{\mathrm{d}t}=\dfrac{3}{2}(i_qS_q+i_dS_d)-i_L \\ L\dfrac{\mathrm{d}i_d}{\mathrm{d}t}-\omega Li_q+Ri_d=e_d-V_{\mathrm{dc}}S_d \\ L\dfrac{\mathrm{d}i_q}{\mathrm{d}t}+\omega Li_d+Ri_q=e_q-V_{\mathrm{dc}}S_q \end{cases} \tag{2-25}$$

两相同步旋转 dq 坐标系下双向 PWM 逆变器的开关函数模型结构如图 2-16 所示。

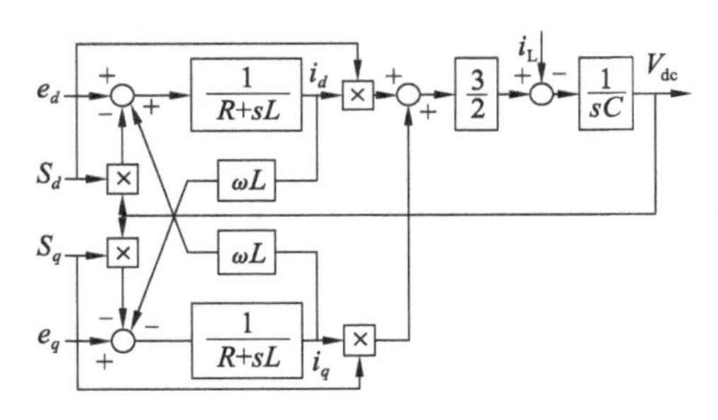

图 2-16　两相同步旋转 dq 坐标系下双向 PWM 逆变器开关函数模型结构图

2.3.2.3　双向 PWM 逆变器在不同坐标系下的工作原理

忽略双向 PWM 逆变器谐波分量、开关管损耗及交流侧电阻,双向 PWM 逆变器 a 相等效电路如图 2-17 所示。其中,E_a 为电网电动势,V_{ao} 为交流侧 a 相逆变电压 u_{ao} 的向量,V_{La} 为交流侧 a 相电感电压 u_{La} 的向量,$\dot{I}_a$ 为交流侧 a 相电流 i_{ao} 的向量,E_a 为电网 a 相电动势 e_a 的向量。

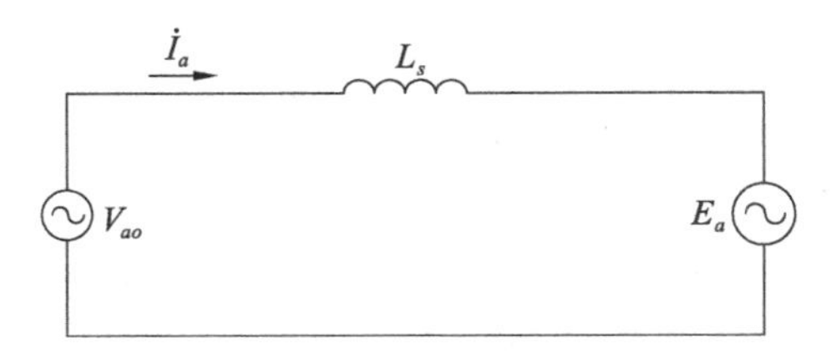

图 2-17　a 相等效电路图

以 E_a 为参考向量，通过对 V_{ao} 幅值和相位的控制，可使 I_a 在不同的象限运行，从而实现双向 PWM 逆变器的四象限运行，如图 2-18 所示。

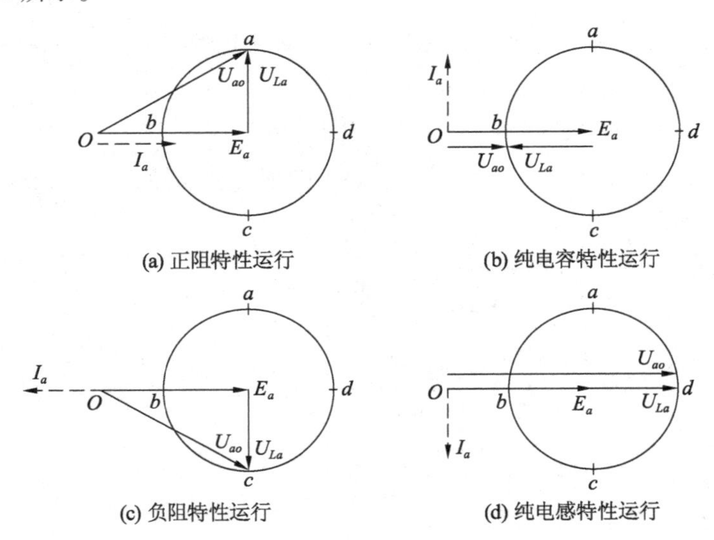

图 2-18　电压、电流向量图

根据 KVL 定律（基尔霍夫电压定律）可得

$$\dot{U}_{ao} = \dot{U}_{La} + \dot{E}_a \tag{2-26}$$

$$\dot{U}_{La} = \mathrm{j}wL\dot{I}_a \tag{2-27}$$

电网吸收的有功功率为

$$P_{Ea} = E_a \times I_a \cos\varphi \tag{2-28}$$

式中，P_{Ea} 为电网吸收的有功功率，其值为正，表示电网吸收电能，其值为负，表示电网释放电能。

方程（2-27）表明，如果 $|I_a|$ 不变，则 $|V_{La}|$ 也是定值，交流侧逆变电压向量 V_{ao} 沿着半径为 $|V_{La}|$ 的圆运动。当 V_{ao} 端点分别位于 a 点、b 点、c 点和 d 点时，根据电网电动势 E_a 与电流向量 I_a 的相位关系可知，双向 PWM 逆变器分别处于正阻特性运行状态、纯电容特性运行状态、负阻特性运行状态和纯电感特性运行状态，其运行

规律如下：

（1）交流侧逆变电压向量 V_{ao} 端点在圆弧 ab 上运动时，交流侧电流向量 I_a 运行在第一象限，E_a 滞后于 I_a，根据式（2-28），此时 $P_{Ea}>0$。此种状态反映白天光伏阵列向电网反馈电能，同时双向 PWM 逆变器具有有源滤波器的作用并向电网提供容性无功。

（2）交流侧逆变电压向量 V_{ao} 端点在圆弧 bc 上运动时，交流侧电流向量 I_a 运行在第二象限，E_a 滞后于 I_a，此时 $P_{Ea}<0$。此种状态反映夜晚光伏阵列不输出功率，电网向双向 PWM 逆变器提供少量有功电能以维持其正常运行，此时双向 PWM 逆变器具有有源滤波器的作用并向电网提供容性无功。

（3）交流侧逆变电压向量 V_{ao} 端点在圆弧 cd 上运动时，交流侧电流向量 I_a 运行在第三象限，E_a 超前于 I_a，此时 $P_{Ea}<0$。该状态反映夜晚光伏阵列不输出功率，电网向双向 PWM 逆变器提供少量的有功电能以维持其正常运行，此时双向 PWM 逆变器具有源滤波器的作用并向电网提供感性无功。

（4）交流侧逆变电压向量 V_{ao} 端点在圆弧 da 上运动时，交流侧电流向量 I_a 运行在第四象限，E_a 超前于 I_a，此时 $P_{Ea}>0$。此种状态反映白天光伏阵列向电网反馈电能，同时双向 PWM 逆变器具有源滤波器的作用并向电网提供感性无功。

2.4　本章小结

本章比较、分析了各种光伏并网发电系统的拓扑结构，根据能够对有功、无功功率进行补偿，同时具有动态响应快速、耦合性小及控制精度高等控制要求，采用了一种改进的两级式光伏并网发电系统的拓扑结构，其包含大功率复合储能系统及具有 STATCOM 功能的复用双向 PWM 逆变器。对各个组成部分的结构和运行机理进行了研究，重点研究了双向 DC/DC 变换器和双向 PWM 逆变器。

第3章　光伏电池特性与最大功率跟踪控制

光伏阵列是光伏并网发电系统的重要组成部分,其输出特性易受太阳光辐射度、光伏阵列工作温度等自然环境的影响,呈强烈的非线性特性。在一定的太阳光辐射度与工作温度下,光伏阵列根据不同的负载值运行在不同的工作点上。只有当光伏阵列运行在某一特定的工作点时,光伏阵列输出的功率才会达到最大,该工作点称为最大工作点(Maximum Power Point,MPP)。为了使光伏阵列最大限度的输出能量,就必须根据外部环境的不同实时改变光伏阵列的工作点,保证使其最大限度地接近最大工作点,这就是最大功率跟踪(MPPT)[75,76]。

3.1　光伏电池特性分析

3.1.1　光伏电池运行机理与数学模型

3.1.1.1　光伏电池的运行机理

光伏并网发电技术首先要解决的是光能到电能的转换问题,光伏电池就是这两种形式能量的转换装置。由于单片光伏电池容量很小,因此先要将若干个这样的器件封装成光伏组件,光伏组件的输出电压一般在十几伏到几十伏,最大输出功率一般在200 W左右,然后再根据需要将若干个光伏组件通过串并联连接构成具有较大输出功率的光伏阵列。

光伏电池的工作原理以半导体PN结吸收太阳辐射的光能产生光生伏打效应为基础。图3-1为光伏电池将太阳辐射的光能转换为电能的过程。从图3-1a中可以看出,当太阳光辐射到光伏电池表面时，一部分光子被反射回去（如光子 a）；一部分光子在远离 PN 的地方被吸收（如光子 b），它们的复合还原过程无法产生光生电动势；一部分光子在刚进入光伏电池后就被吸收（如光子 c），它们不但不会产生电子-空穴对，还会使光伏电池的温度升高；还有一部分光子透过光伏电池，也没有被吸收（如光子 d）；只有其中的一部分光子（如光子 e）在靠近 PN 结的地方被吸收，这些光子真正对光伏发电起到作用，它们与原子的价电子相撞击而产生能量和电子－空穴对。从图 3-1b 中可以看到，这些被光子触发的电子和空穴，在 PN 结电场的作用下做漂移运动，构成了光电场。当光伏电池与负载相连时，就可以构成一个直流回路，直流电流就会在这个回路里流动，这就是光伏电池发电的工作原理——光生伏打效应。

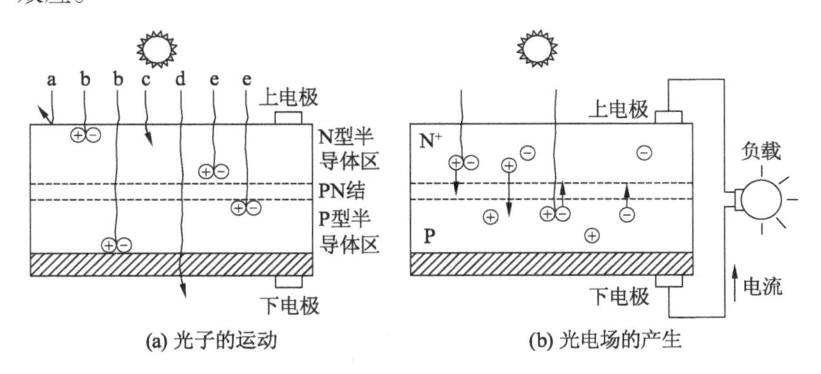

图 3-1　光伏电池发电原理

3.1.1.2　光伏电池的数学模型

光伏电池等效电路[77-79]如图 3-2 所示。其中，I_{phcell}是光伏电池的光生电流，正比于光伏电池受光面积和太阳光辐射度；I_{dcell}是光伏电池的暗电流；I_{shcell}是光伏电池的漏电流；I_{cell}是光伏电池的输出电流；U_{dcell}是等效二极管的端电压；U_{ocell}是光伏电池的开路电压；R_{scell}、R_{shcell}是光伏电池本身固有电阻，R_{scell}是内部串联电阻，阻值很小，一般小于 1 Ω，R_{shcell}是内部并联电阻，阻值很大，一般为几千欧姆。

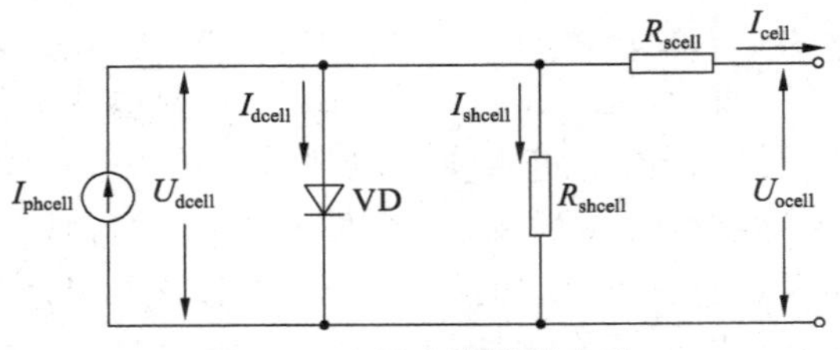

图 3-2　光伏电池等效电路

根据光伏电池的等效电路,其电流、电压特性可表示为

$$I_{cell}=I_{phcell}-I_{dcell}-I_{shcell} \tag{3-1}$$

$$I_{dcell}=I_{ocell}\left[\exp\left(\frac{q_{cell}U_{dcell}}{A_{cell}k_{cell}T_{cell}}\right)-1\right] \tag{3-2}$$

$$I_{ocell}=S_{cell}q_{cell}N_{Ccell}N_{Vcell}\left[\frac{1}{N_{Acell}}\left(\frac{D_{ncell}}{\tau_{cell}}\right)^{1/2}+\frac{1}{N_{Dcell}}\left(\frac{D_{pcell}}{\tau_{cell}}\right)^{1/2}\right]e^{-\frac{E_{gcell}}{k_{cell}T_{cell}}} \tag{3-3}$$

$$I_{shcell}=\frac{U_{dcell}}{R_{shcell}} \tag{3-4}$$

$$I_{cell}=I_{pcell}U_{dcell}A_{cell}k_{cell}T_{cell} \tag{3-5}$$

$$U_{dcell}=U_{ocell}+I_{cell}R_{scell} \tag{3-6}$$

$$I_{sccell}=I_{ocell}\left[\exp\left(\frac{q_{cell}U_{ocell}}{A_{cell}k_{cell}T_{cell}}\right)-1\right] \tag{3-7}$$

$$U_{ocell}=\frac{A_{cell}k_{cell}T_{cell}}{q_{cell}}\ln\left(\frac{I_{sccell}}{I_{ocell}}+1\right) \tag{3-8}$$

式(3-1)~式(3-8)中,I_{ocell}是光伏电池反向饱和电流;S_{cell}是PN结面积;N_{Ccell}、N_{Vcell}是导带和价带的有效态密度;N_{Acell}、N_{Dcell}是主杂质和施主杂质的浓度;D_{ncell}、D_{pcell}是电子和空穴的少子寿命;E_{gcell}是半导体材料的带隙;I_{sccell}是光伏电池的短路电流;q_{cell}是电子电荷(1.602×10^{-19} C);A_{cell}是二极管系数(1.0~3.0);k_{cell}是波尔兹曼常数($1.380\,5\times10^{-23}$ J);T_{cell}是光伏电池的绝对温度。

3.1.2　光伏组件的外特性模型

3.1.2.1　标准试验条件下光伏组件的外特性模型

通常,光伏组件制造商会提供光伏组件在标准试验条件(工作温度为 25 ℃,太阳光辐射度为 1 000 W/m²)下的开路电压 V_{oc}、短路电流 I_{sc}、最大工作点电压 V_m、最大工作点电流 I_m 和最大功率 P_m 等参数。为了使仿真模型和生产商提供的参数直接对应,在光伏组件的电流表达式(3-9)的基础上进行近似计算,用 V_{oc}、I_{sc}、V_m 和 I_m 求解光伏组件的 $I-V$ 特性。

$$I = I_{ph} - I_o\left\{\exp\left[\frac{q(V+R_s)}{AkT}\right]-1\right\} - \frac{V+R_sI}{R_{sh}} \tag{3-9}$$

式中,I_{ph} 为光生电流;I 为光伏电池输出电流;I_o 为二极管饱和电流;q 为电子电荷(1.602×10^{-19} C);A 为二极管系数(1.0 ~ 3.0);k 为波尔兹曼常数(1.308×10^{-23});T 为光伏电池的温度;R_s 为内部串联电阻;R_{sh} 为内部并联电阻。

由于内部串联电阻 R_s 阻值很小,并联电阻 R_{sh} 阻值很大,所以这两个电阻可以忽略不计[80,81],式(3-9)可近似为

$$I = I_{ph} - I_o[\exp(\alpha V)-1] \approx I_{ph} - I_o\exp(\alpha V) \tag{3-10}$$

式中,α 为参数,$\alpha = \frac{q}{AkT}$。

当光伏组件短路时,$V=0$,$I=I_{sc}$,又因为 I_d 很小,所以 I_d 也近似为零,因此,式(3-10)可改写为

$$I_{sc} = I_{ph} \tag{3-11}$$

当光伏组件断路时,即 $V=V_{oc}$,$I=0$,将这些值代入式(3-10)可得

$$I_o = I_{sc}\exp(-\alpha V_{oc}) \tag{3-12}$$

当光伏组件工作在其最大工作点时,$V=V_m$,$I=I_m$,将这些值代入式(3-10) ~ (3-12)得

$$\alpha = \frac{1}{V_m - V_{oc}}\ln\left(1-\frac{I_m}{I_{sc}}\right) \tag{3-13}$$

参数 α 即可由参数 V_{oc}、I_{sc}、V_m 和 I_m 得到,把式(3-12)和(3-13)代入式(3-10),得光伏组件在标准试验条件下的 $I-V$ 特性为

$$I = I_{sc}\left\{1-\exp\left[\alpha\left(\frac{V}{V_{oc}}\right)\right]\right\} \tag{3-14}$$

3.1.2.2　非标准试验条件下光伏组件的外特性模型

光伏组件的 $I-V$ 特性曲线与太阳光辐射度与光伏组件的工作温度有关。当太阳光辐射度和光伏组件的工作温度改变时,假设光伏组件的 $I-V$ 特性曲线形状基本不变,根据标准试验条件下的 V_{oc}、I_{sc}、V_m 和 I_m 等已知参数,引入相关的补偿系数[82,83],结合方程式(3-15)~(3-20),可以得出光伏组件在任何试验环境下的 V'_{oc}、I'_{sc}、V'_m 和 I'_m。将上述值代入方程式(3-13)~(3-14),即得光伏组件在非标准试验条件下的 $I-V$ 特性曲线。

$$\Delta T = T - T_{ref} \tag{3-15}$$

$$\Delta S = \frac{S}{S_{ref}} - 1 \tag{3-16}$$

$$V'_{oc} = V_{oc}(1 - c\Delta T)\ln(e + b\Delta S) \tag{3-17}$$

$$I'_{sc} = I_{sc}\frac{S}{S_{ref}}(1 + a\Delta T) \tag{3-18}$$

$$V'_m = V_m(1 - c\Delta T)\ln(e + b\Delta S) \tag{3-19}$$

$$I'_m = I_m\frac{S}{S_{ref}}(1 + a\Delta T) \tag{3-20}$$

式中,T_{ref} 为标准试验条件下的光伏组件的工作温度,其值为 25 ℃;S_{ref} 为标准试验条件下太阳光辐射度,其值为 1 000 W/m^2;ΔT 为光伏组件的实际温度与在标准试验条件下的温差;ΔS 为实际太阳光辐射度与标准试验条件下太阳光辐射度的差值;V'_{oc}、I'_{sc}、V'_m 和 I'_m 为分别为非标准试验条件下光伏组件的开路电压、短路电流、最大工作点电压和电流;e 为自然对数底数,其近似值为 2.718 28;a、b、c 为常数,$a=0.002\,5(℃)^{-1}$,$b=0.5$,$c=0.002\,88(℃)^{-1}$。

式(3-13)~(3-20)是光伏组件的一种简化数学模型,根据 S、T,V_{oc},I_{sc},V_m 和 I_m 等已知参数,可以求出光伏组件在任何条件下的 $I-V$ 特性曲线。

3.1.3　光伏组件的特性分析

3.1.3.1　仿真模型

PISM 是专门为电力电子和电机控制使用的仿真软件,可以快速、灵活地实现电力电子主电路的建模[84]。使用外扩动态链接库

(Dynamic Link Library,DLL)的方法对光伏组件进行仿真,其步骤如下:首先,建立主电路和 DLL 模块,如图 3-3 所示;其次,用 C 语言编程方式实现式(3-13)~(3-20);再次,将 C 语言源代码编译成 DLL 文件并编译,从而实现 DLL 模块与 PSIM 主电路的数据传输;最后,设置仿真参数后进行仿真,将仿真结果和实际的光伏组件的电气参数进行比较。基于 DLL 的控制程序见附录 A。

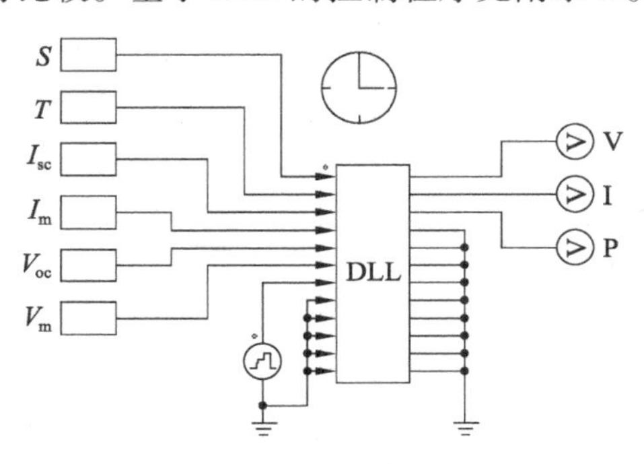

图 3-3 光伏组件的主电路和 DLL 模块

图 3-3 中,S 和 T 分别代表为太阳光辐射度和光伏组件工作温度的实际值,V、I、P 为虚拟示波器,用于光伏阵列输出电压、电流和功率的显示。

3.1.3.2 特性分析

选用常州天合光能有限公司型号为 TSM - 185DC01 的光伏组件进行仿真验证,其电气参数如下:P_{max} = 185 W,V_m = 37.5 V,I_m = 4.92 A,V_{oc} = 44.5 V,I_{sc} = 5.4 A。标准试验条件下光伏组件的 $I-V$、$P-V$ 特性如图 3-4 和图 3-5 所示。图 3-4 表明,当光伏组件的输出电压较低时,其输出可近似视为恒流源,具有明显的高电阻特性;当光伏组件的输出电压较高时,其输出可近似视为恒压源,具有明显的低内阻特性。也即,对于同等功率输出的光伏组件,既可以当作电流源外接电流型负载,又可以当作电压源外接电压型负载。图 3-5 表明,在一定条件下,光伏组件的输出功率和电压均只有一个最大值,且这两个值相对应;在最大工作点左边,输出功率和电压的变化趋势相同,在最大工作点右边,输出功率和电压的变化趋势相反。

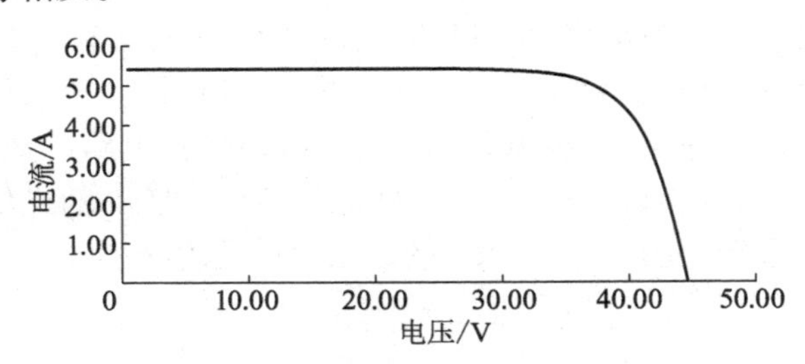

图 3-4　光伏组件的 $I-V$ 特性

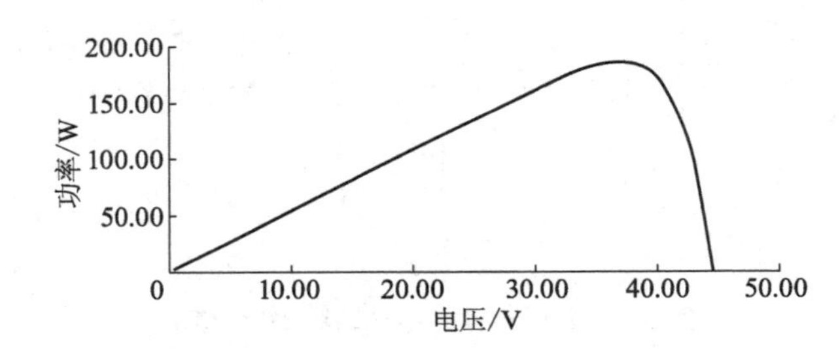

图 3-5　光伏组件的 $P-V$ 特性

定义功率、电压、电流的相对误差分别为

$$\delta_{\mathrm{p}}=\frac{|P_{\mathrm{a}}-P_{\mathrm{b}}|}{P_{\mathrm{a}}}\times 100\% \tag{3-21}$$

$$\delta_{\mathrm{v}}=\frac{|V_{\mathrm{a}}-V_{\mathrm{b}}|}{V_{\mathrm{a}}}\times 100\% \tag{3-22}$$

$$\delta_{\mathrm{i}}=\frac{|I_{\mathrm{a}}-I_{\mathrm{b}}|}{I_{\mathrm{a}}}\times 100\% \tag{3-23}$$

式中，P_{a}、V_{a}、I_{a} 为 TSM－185DC01 型光伏组件的电气参数；P_{b}，V_{b}、I_{b} 为仿真的结果。将电气参数、仿真结果进行比较并把两组数据的相对误差的结果绘制成误差分析表，见表 3-1。表 3-1 表明，仿真结果与实际测量结果非常接近，相对误差在 2% 以内，能很好地满足仿真精度的要求，故该仿真模型的设计是合理、可行的。

表 3-1　误差分析表

电气参数(标准测试条件)	TSM－185DC01	仿真结果	相对误差
最大功率 P_{max}	185 W	185.3 W	0.2%
最大功率点工作电压 V_m	37.5 V	37.2 V	0.8%
最大功率点工作电流 I_m	4.95 A	4.98 V	0.6%
开路电压 V_{oc}	44.5 V	44 V	1.1%
短路电流 I_{sc}	5.4 V	5.39 V	0.2%

光伏组件的输出特性会受多种因素的影响，图 3-6 和图 3-7 分别是光伏组件在太阳光辐射度为 1 000 W/m² 条件下，不同工作温度对光伏组件 $I-V$、$P-V$ 特性的影响。图 3-6 和图 3-7 表明，光伏组件工作温度变高时，开路电压 V_{oc} 显著下降，短路电流 I_{sc} 略微增大，最大功率 P_m 略有减小。

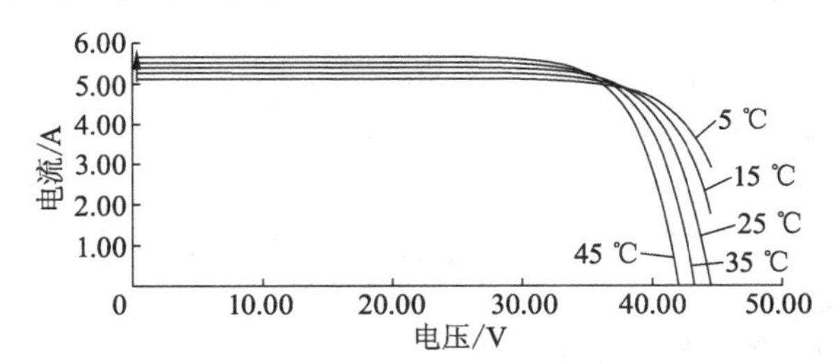

图 3-6　温度变化条件下光伏组件的 $I-V$ 特性

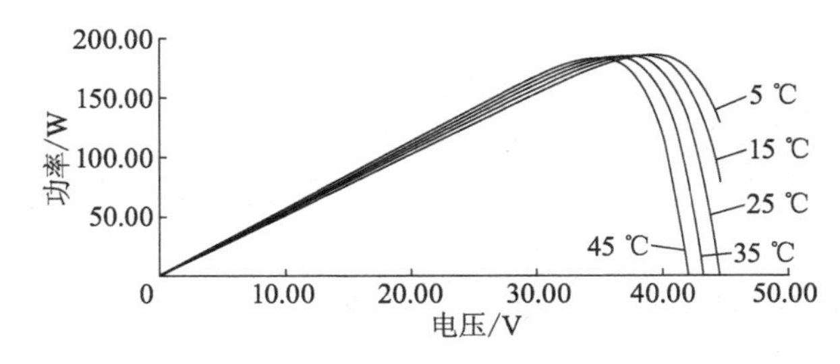

图 3-7　温度变化条件下光伏组件的 $P-V$ 特性

除了光伏组件工作温度对输出特性影响较大外，太阳光辐射度的变化也会使它的输出发生较大变化。图 3-8 和图 3-9 分别是光伏组件在工作温度 25 ℃条件下,不同太阳光辐射度对光伏组件 $I-V$、$P-V$ 特性的影响。图 3-8 和图 3-9 表明,随着太阳光辐射度的增加,开路电压 V_{oc} 略微增加,短路电流 I_{sc} 和最大功率 P_m 显著增加。

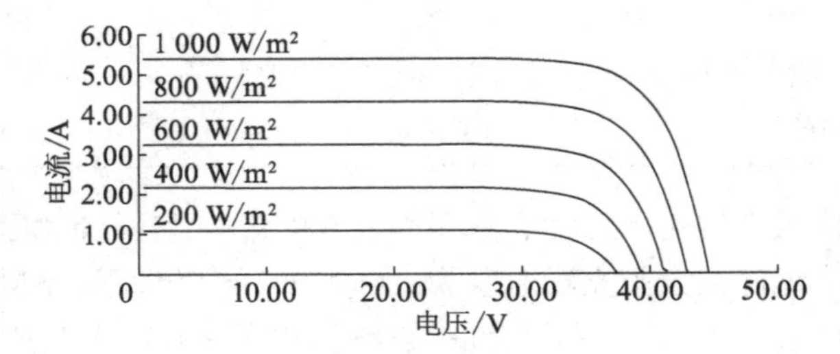

图 3-8　太阳光辐射度变化条件下光伏组件的 $I-V$ 特性

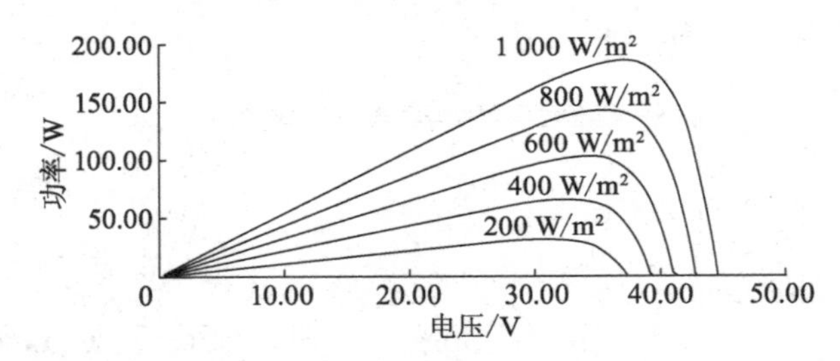

图 3-9　太阳光辐射度变化条件下光伏组件的 $P-V$ 特性

上述仿真结果表明,光伏组件的输出特性易受自身工作温度和太阳光辐射度的影响。其中,太阳光辐射度的大小直接影响光伏组件输出电能的多少,其对光伏组件电气特性的影响程度远大于工作温度的影响,太阳光辐射度越强,光伏组件的输出功率就越大;反之,输出功率就越小。工作温度对开路电压有较大影响。

3.2　最大功率跟踪原理及其实现

3.2.1　最大功率跟踪分析

在一定的太阳光辐射度、工作温度及负载状态等条件下,光伏阵列具有特定的输出特性，其等效电路[85]如图 3-10 所示。光伏阵列等效为电压源 U_{pv} 和内阻 R_{pv} 串联的电路，V_{array} 为光伏阵列的输出电压，R_1 为负载阻抗。

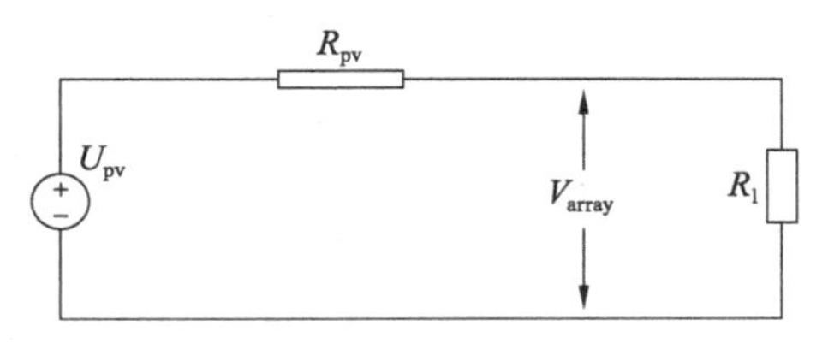

图 3-10　光伏阵列等效电路

由戴维南定理可知，光伏阵列输出的功率 P_{array} 为

$$P_{array}=\left(\frac{U_{pv}}{R_{pv}+R_1}\right)^2 R_1 \tag{3-24}$$

根据最大功率定理，当 R_{pv} 等于 R_1 时，P_{array} 得到最大值，此时光伏阵列向负载 R_1 输出的功率最大。

一定工作条件下，在光伏阵列的 $I-V$ 特性曲线上画出一系列等功率曲线，其中必有一条等功率曲线 L_1 与光伏阵列 $I-V$ 特性曲线相切，如图 3-11 所示，其切点就是最大工作点 M。对于某一负载，其输出特性也是一定的，并有一条负载曲线与之相对应。根据式(3-24)，当负载 R_1 的阻抗与光伏阵列的阻抗 R_{PV} 相等时，负载 R_1 的负载曲线经过点 M，此时称光伏阵列与负载完全匹配。

假设光伏阵列在外界环境 ST_1 下的初始工作点运行在最大工作点 M 处，此时光伏阵列与负载 R_1 完全匹配。当外界环境变化为 ST_2 时，光伏阵列的 $I-V$ 特性曲线也将发生相应变化，但此时仍有一条等功率曲线 L_2 与之相切，其切点就是光伏阵列在新工作条件下的最大功率点 M'，并且有某一负载 R_2 的负载曲线经过点 M'，使得在不同工作条件下光伏阵列与负载完全匹配。如果保持原来的负载 R_1 不变，光伏阵列在 ST_2 条件下的工作点会运行在点 A，而此时光伏阵列的最大功率点为 M'，为了使光伏阵列工作在 M' 处，就必须将系统的负载特性由负载 R_1 改为负载 R_2。同理，当外界环境由 ST_2 变为 ST_1 时，最大功率点又变为点 M，光伏阵列工作点相应

地由点 M'变化回点 B,此时必须将系统的负载特性由负载 R_2改为负载 R_1,以实现 MPPT。

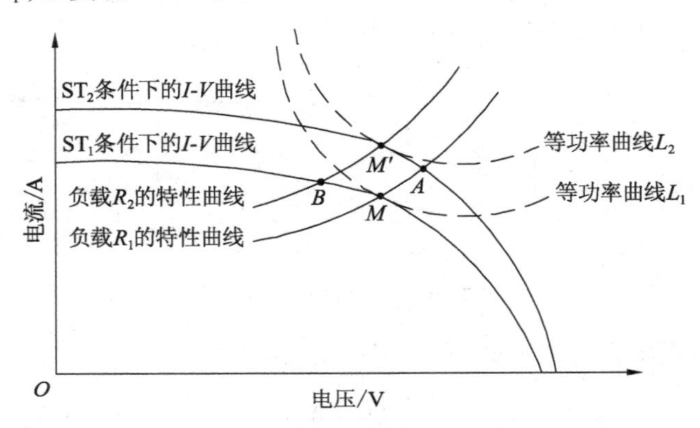

图 3-11　MPPT 控制过程

3.2.2　最大功率跟踪的实现方式

光伏并网发电系统为了实现 MPPT 而改变负载特性,是通过对 BOOST 电路中的开关管的不断接通和断开,从而达到改变光伏阵列输出电压 V_{array}来实现的。

图 3-12 为 BOOST 变换器的拓扑结构,V_{array}为光伏阵列的输出电压,V_{dc}为前级 BOOST 电路的输出电压。在 V_{dc}恒定的情况下,通过对 BOOST 电路中开关管 VT 的控制,也即 MPPT 控制,可以实现 V_{array}的控制,使光伏阵列工作在最大工作点处。

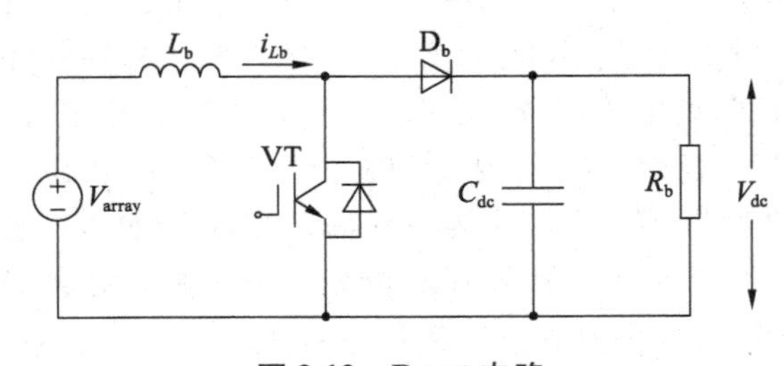

图 3-12　Boost 电路

BOOST 电路的两种工作方式如图 3-13 所示。

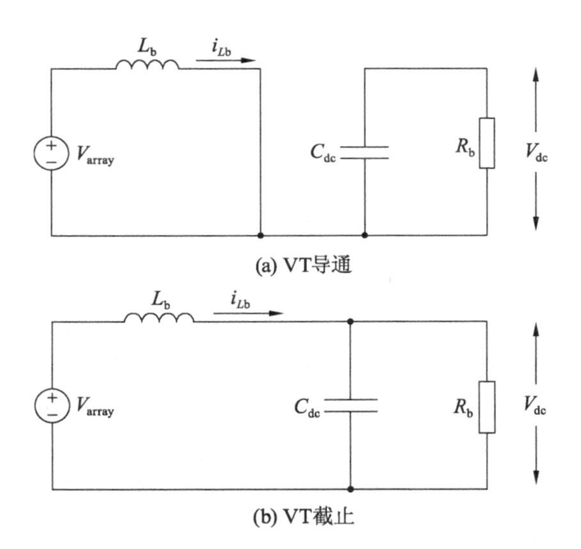

图 3-13　Boost 电路两种工作方式等效电路图

占空比 D 可表示为

$$D = \frac{t_{on}}{T_S} \tag{3-25}$$

当 BOOST 电路的滤波电感 L_b 和滤波电容 C_{dc} 足够大时，BOOST 电路的电感电流 i_{Lb} 工作在连续模式，由于滤波电感 L_b 的时间常数远远大于开关周期，因此滤波电感电流 i_{Lb} 的变化可近似认为是线性的[86]。

在开关管 VT 导通时($0 \sim t_1$)，电感电流 i_{Lb} 的增量为

$$\Delta i_{Lb(+)} = \int_0^{t_1} \frac{V_{array}}{L_b} dt = \frac{V_{array}}{L_b} t_1 = \frac{V_{array}}{L_b} DT_S \tag{3-26}$$

在开关管 VT 关断时($t_1 \sim t_2$)，电感电流 i_{Lb} 的减小的绝对值为

$$\begin{aligned} |\Delta i_{Lb(-)}| &= \int_{t_1}^{t_2} \frac{V_{dc} - V_{array}}{L_b} dt = \frac{U_{dc} - V_{array}}{L_b}(t_2 - t_1) \\ &= \frac{V_{dc} - V_{array}}{L_b}(1 - D) T_S \end{aligned} \tag{3-27}$$

当电路工作在稳定状态下，在 $0\sim t_1$ 与 $t_1\sim t_2$ 电感中电流的变化量应相等[87,88]，即

$$\Delta i_{\mathrm{Lb}(+)}=|\Delta i_{\mathrm{Lb}(-)}| \tag{3-28}$$

联合式(3-26)~(3-28)可得

$$V_{\mathrm{array}}=(1-D)V_{\mathrm{dc}} \tag{3-29}$$

式(3-29)表明，改变光伏阵列输出电压 V_{array} 既可以调整系统直流侧电压 V_{dc}，也可以改变 BOOST 电路中开关管的占空比来实现。对光伏并网发电系统而言，由于必须保持直流侧电压 V_{dc} 的稳定，因此通常采用控制占空比的方式来改变光伏阵列输出电压 V_{array}，从而实现最大功率点跟踪控制。占空比 D 与光伏阵列输出电压 V_{array} 成反比，占空比的改变通常采用 PWM 调制法，如图 3-14 所示。其中 D 为占空比调制信号，S_{t} 为三角波载波信号。首先将占空比调制信号与三角载波信号进行比较，再将它们的差值 Δr 作为 PWM 的控制信号来驱动 BOOST 电路的开关管 VT，从而实现光伏阵列的 MPPT 控制。

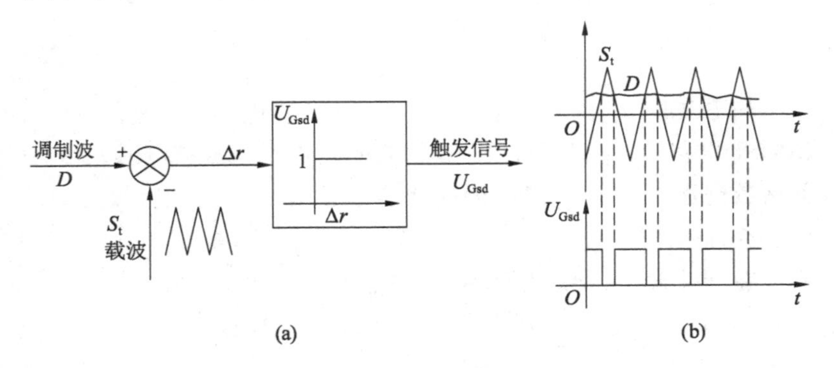

图 3-14　占空比的 PWM 调制法

3.3　最大功率跟踪的典型算法

光伏阵列输出功率易受太阳光辐射度、光伏阵列工作温度的影响，呈现出强烈的非线性。MPPT 控制方法的优劣决定光伏阵

列输出功率的多少，是整个光伏并网发电系统的关键技术之一。近年来，该技术已被广泛的研究和应用，出现了各种各样的控制算法，其最典型的算法为恒电压控制法和干扰观测法。

3.3.1 恒电压控制法

3.3.1.1 恒电压控制法的原理

恒电压控制法[89]是通过设置某一参考电压并使得光伏阵列输出电压维持该值的方式来近似实现 MPPT 功能。由光伏阵列的 $P-V$ 特性曲线可知，当太阳光辐射度和光伏阵列工作温度发生微小变化时，其最大工作点电压变化不大。因此，可以近似认为此时最大工作点电压保持不变。实际应用中，根据光伏组件制造商提供的标准试验条件下光伏组件的最大工作点电压 V_m 及光伏阵列中光伏组件的串联数量，计算出光伏阵列工作在最大工作点附近的一个特定的参考电压值 V_{mref}，同时对光伏阵列的输出电压值进行采样，通过一定的算法对两者的差值进行控制并转换得到 PWM 控制信号，使光伏阵列变为一个稳压器，其输出电压稳定于 V_{mref}，从而实现 MPPT 功能。

3.3.1.2 恒电压控制法的仿真研究

在 MATLAB 仿真平台下搭建如图 3-15 所示的恒电压控制法模型。仿真参数如下：太阳光辐射度 1 000 W/m^2，光伏阵列工作温度 25 ℃；光伏组件参数 $P_{max}=185$ W，$V_m=37.5$ V，$I_m=4.92$ A，$V_{oc}=44.5$ V，$I_{sc}=5.4$ A；光伏组件采用 6 串联 9 并联的方式构成 10 kW 的光伏阵列。

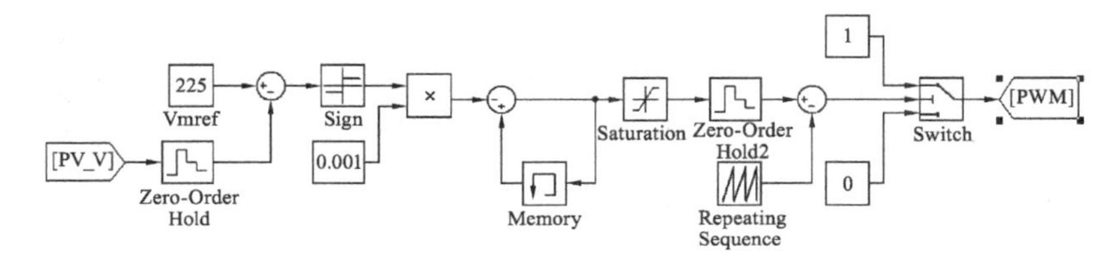

图 3-15 恒电压控制法模型

根据仿真参数，可计算得到标准试验条件下的参考电压值 V_{mref} 为 225 V，$PV-V$ 为检测到的光伏阵列输出电压。将上述量代入恒电压控制模型,可得光伏阵列的输出电压曲线和功率曲线,如图 3-16 所示。

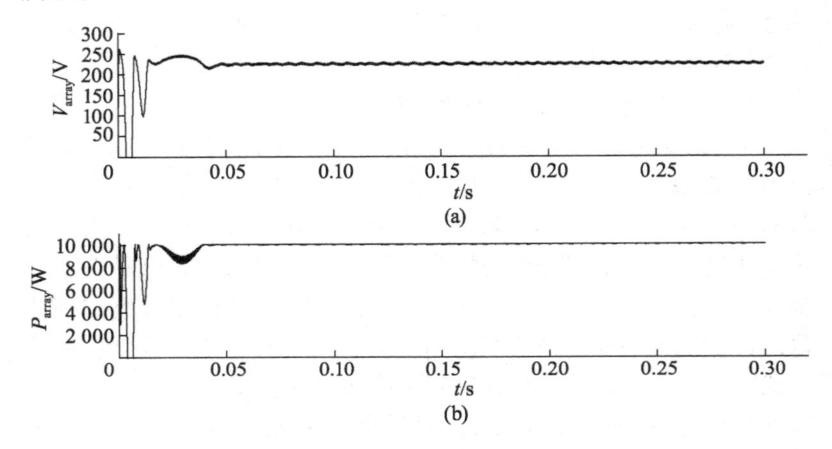

图 3-16　光伏阵列的电压、功率曲线(恒电压法)

仿真过程中,设定的参考电压值 V_{mref} 为 225 V,从光伏阵列的输出电压曲线中可以看出,系统经过 0.05 s 的调整后,输出电压基本稳定在 225 V 左右,稳态误差很小。从光伏阵列的输出功率曲线中可以看出,系统未稳定前,输出功率略有损失,但是经过一定时间的调整,光伏阵列输出的功率趋于平稳。

上述仿真结果是在太阳光辐射度为 1 000 W/m^2、光伏阵列工作温度为 25 ℃的环境条件与参考电压值 V_{mref} 设定条件一致的前提下得到的。可以看出,该工作环境下 MPPT 跟踪性能良好。对于不同的环境条件,改变太阳光辐射度的方法可以检测系统对不同环境的适应能力及动态响应能力。假设在 0.1 s 时,太阳光辐射度从 1 000 W/m^2 衰减到 600 W/m^2;在 0.2 s 时,再从 600 W/m^2 增加到 1 000 W/m^2。仿真结果如图 3-17 所示。

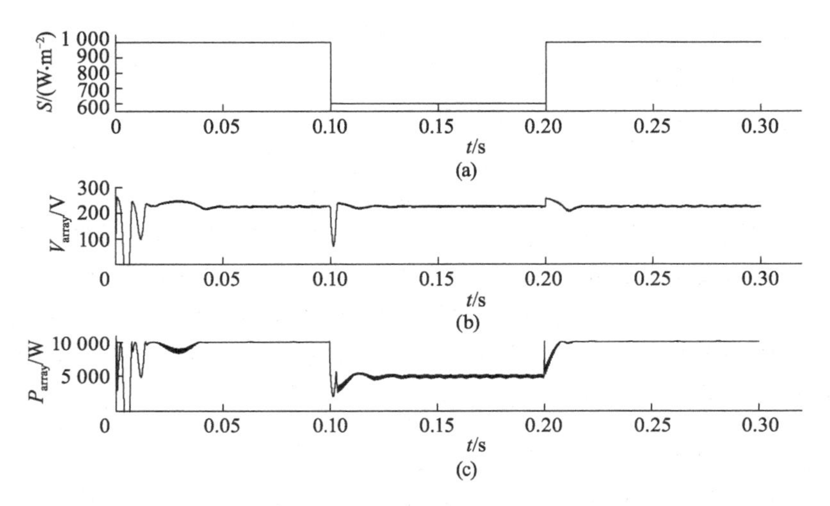

图 3-17　不同太阳光辐射度下光伏阵列的电压、功率曲线(恒电压法)

从图 3-17 所示的动态响应曲线可以看出,在太阳光辐射度剧烈变化时,恒电压控制法能够迅速调节系统,系统动态响应快。在 0 ~ 0. 1 s 及 0. 2 ~ 0. 3 s 时间内,环境条件和参考电压值 V_{mref} 的设定条件一致时(太阳光辐射度同为 1 000 W/m^2,光伏阵列工作温度同为 25 ℃时),恒电压控制法能够准确调节系统,使其能够稳定运行在参考电压附近,且稳态误差很小。在 0. 1 ~ 0. 2 s 时间内,太阳光辐射度变为 600 W/m^2 时,系统虽然能够稳定运行,但其输出电压值仍保持在设定的参考电压 V_{mref} 附近,根据图 3-9 可知,此时最大工作点电压应小于 V_{mref}。因此,当环境条件与参考电压值 V_{mref} 的设定条件有偏差时,系统将损失一部分功率,当这个偏差逐步变大时,系统运行性能将进一步恶化。

恒定电压控制法具有结构简单、算法易于实现的优点,在环境条件变化不大的条件下效果很好;但该方法忽略了太阳光辐射度、工作温度对最大工作点电压的影响,当这些因素发生变化时,特别是在一年四季或者昼夜温差较大、经常出现多云天气的地区,其光伏最大工作点将发生较大偏移,若仍以原来设定的参考电压值 V_{mref} 作为被跟踪输出电压,会造成较大的功率损失,降低整个系统的运行效率。

3.3.2 干扰观测法

3.3.2.1 干扰观测法的原理

干扰观测法[90]是目前应用最为广泛、研究最多的一种 MPPT 控制方法，其工作原理是实时采集光伏阵列的输出电压和输出电流信号，并将其相乘，得到该采样周期内的输出功率；检测并计算该采样周期内的输出电压、输出功率与前一个采样周期的输出电压、输出功率的变化情况，从而确定输出电压的调整方向。设输出电压增大的方向为正向调整方向，输出电压减小的方向为反向调整方向，则电压调整过程见表 3-2。

表 3-2 干扰观测法电压调整过程

输出电压 ΔU	输出功率 ΔP	结论	调整动作	$\Delta U \times \Delta P$ 符号
增加(+)	增加(+)	方向正确	保持正向调整	+
增加(+)	减小(-)	方向错误	变为反向调整	-
减小(-)	增加(+)	方向正确	变为反向调整	-
减小(-)	减小(-)	方向错误	保持正向调整	+

由表 3-2 可知，当 $\Delta U \times \Delta P$ 的符号为正时，系统应在下一控制周期内正向调整输出电压，使得输出电压增大，向最大工作点方向移动；当 $\Delta U \times \Delta P$ 的符号为负时，系统应在下一控制周期内反向调整输出电压，使得输出电压减小，向最大工作点方向移动；如此反复循环，直至输出电压稳定于最大工作点电压，即可认为系统输出了最大功率。干扰观测法的控制流程如图 3-18 所示。

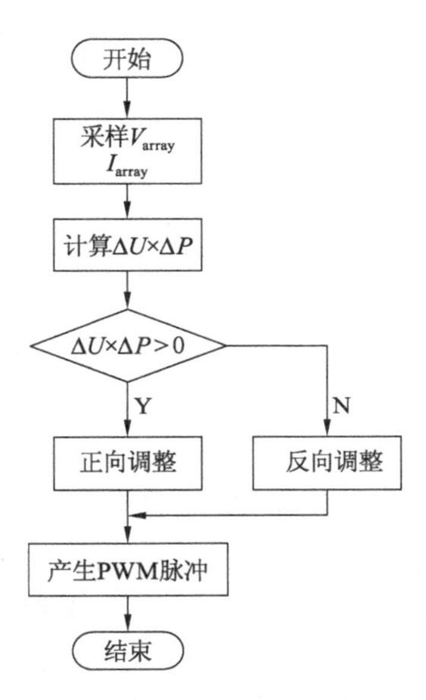

图 3-18　干扰观测法控制流程图

3.3.2.2　干扰观测法的仿真研究

在 MATLAB 仿真平台下搭建如图 3-19 所示的扰动观测法控制模型,其仿真参数与恒电压控制模型的仿真参数一致。

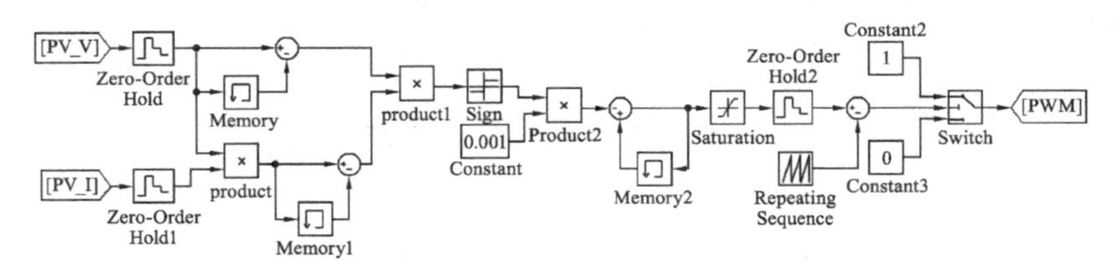

图 3-19　干扰观测法控制模型

PV_V、*PV_I* 分别为检测到的光伏阵列输出电压和输出电流,将上述参量代入干扰观测法控制模型,即得到光伏阵列的输出电压曲线和功率曲线,如图 3-20 所示。

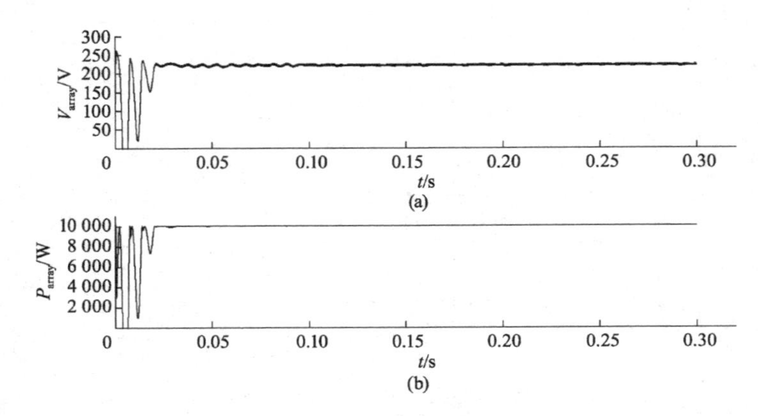

图 3-20　光伏阵列的电压、功率曲线(干扰观测法)

比较图 3-16 和图 3-20 可以发现,当环境条件和恒电压法参考电压值 V_{mref} 的设定条件一致时(太阳光辐射度同为 1 000 W/m^2,光伏阵列工作温度同为 25℃时),恒电压控制法和干扰观测法的控制效果相似。采用干扰观测法,系统同样需要经过一段时间的调整,同时具有一定的输出功率损失,之后输出电压和输出功率才逐渐趋于平稳,仿真效果较好。

同样,采用改变太阳光辐射度的方法来测试系统在不同环境下的适应能力与动态响应能力,仿真结果如图 3-21 所示。

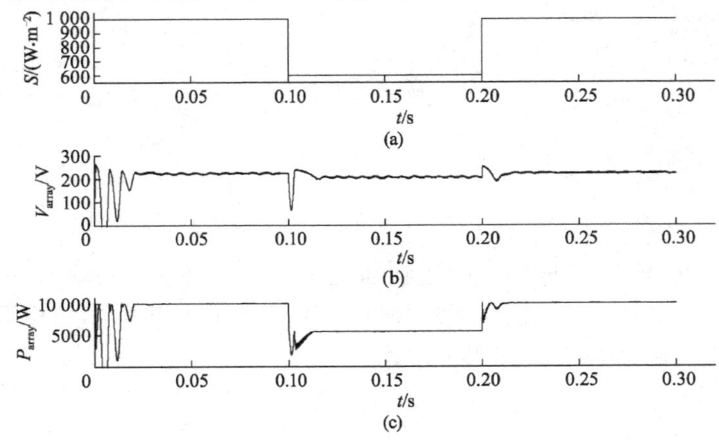

图 3-21　不同太阳光辐射度下光伏阵列的电压、功率曲线(干扰观测法)

从图 3-21 所示的动态响应曲线可以看出，在 0.1 ~ 0.2 s 时间内，太阳光辐射度由 1 000 W/m^2 变为 600 W/m^2，采用干扰观测法比采用恒电压控制法具有更好的调节效果，其动态响应更快、稳态误差更小，光伏阵列输出电压由 225 V 变为 205 V 左右。从图 3-22 和图 3-23 可以进一步看出，在太阳光辐射度变为 600 W/m^2 时，采用干扰观测法的输出功率平均值大约为 5 555 W，而采用恒电压控制法的输出功率平均值大约为 4 900 W，损失了相当一部分功率，其差值大约为 655 W，对于一个 10 kW 的系统来说，相当于系统最大功率输出的 6.5%；对于 MW、GW 级光伏电站来说，采用恒电压控制法的功率损失更加严重，因此，该类方向仅仅适用于小型光伏离网系统。干扰观测法由于采用电压、电流实时采样，能够根据系统运行情况进行实时 MPPT 控制，精度较高，因此得到了广泛应用。

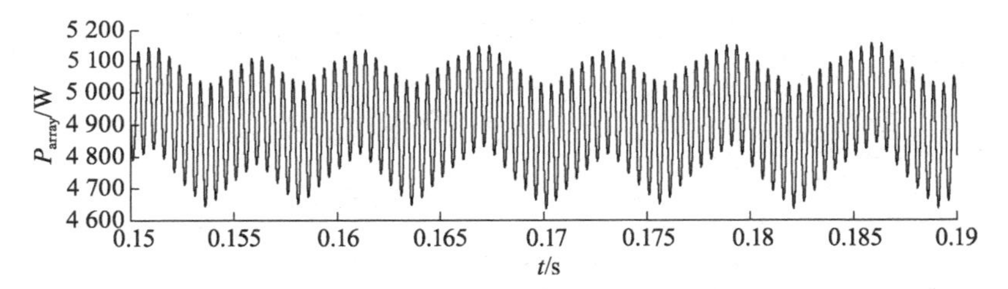

图 3-22　恒电压控制法功率曲线（$S=600$ W/m^2）

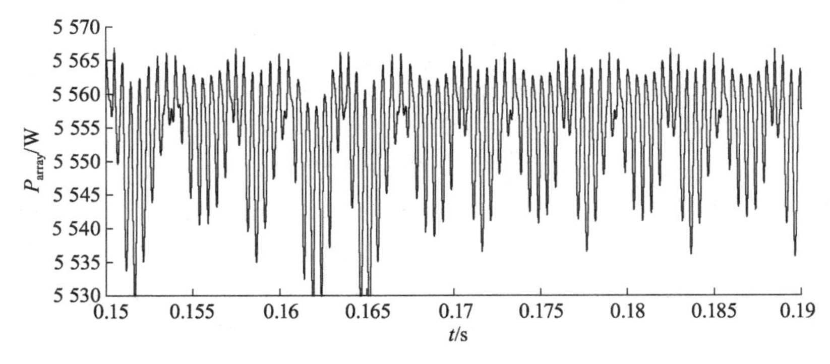

图 3-23　干扰观测法功率曲线（$S=600$ W/m^2）

3.4 光伏发电最大功率跟踪支持向量机控制

3.4.1 常用最大功率跟踪控制的局限性

传统的光伏发电 MPPT 控制大部分基于干扰观测法，采用不断增加扰动电压的方法来调整输出电压值，从而实现对最大工作点的逼近。干扰观测法控制简单、易于实现，在实际应用中得到了广泛应用。但是，干扰观测法 MPPT 控制法也存在一些局限性：

（1）扰动步长不易确定。扰动步长设置太大，会影响 MPPT 算法的控制精度，甚至无法找到最大工作点，引起光伏发电系统在最大工作点附近振荡；步长设置太小，会影响 MPPT 算法的跟踪速度，造成系统性能下降和功率损失。

（2）当太阳光辐射度剧烈变化时，甚至会导致误跟踪现象，如图 3-24 所示。

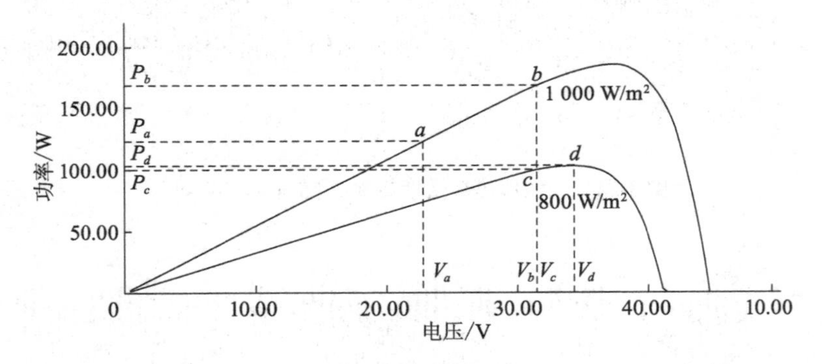

图 3-24 误跟踪现象

从图 3-24 可知，假设光伏阵列初始工作点在点 a，当太阳光辐射度维持在 1 000 W/m^2 时，电压扰动向右增加，光伏阵列的工作点从点 a 运行到点 b，并满足 $V_b > V_a$，且 $P_b > P_a$，根据干扰观测法，其电压扰动方向不变，电压继续向右增加；如果光伏阵列的工作点从点 a 运行到点 b 期间，太阳光辐射度突然降低到 800 W/m^2，光伏阵列的实际工作点应从点 a 运行到点 c，满足 $V_c > V_a$，且 $P_c < P_a$，根

据干扰观测法，其电压扰动方向会因此改变为向左。如果太阳光辐射度不断减小，根据干扰观测法，光伏阵列的工作点电压会不断向左移动，导致越来越远离最大工作点，从而失去对 MPPT 的控制能力，这就是误跟踪现象。

3.4.2　最小二乘支持向量机最大功率跟踪控制特性

要消除误跟踪现象，可以采用最大工作点电压预测的方法。当太阳光辐射度发生变化时，如太阳光辐射度突然降低到 800 W/m^2 时，预测出此时光伏阵列的最大工作点 d 的电压值，将点 d 作为扰动的初始值点，此时 $V_c < V_d$，且 $P_c < P_d$，光伏阵列的工作点电压会向右移动，从而避免误跟踪现象的发生。

引入一种新的数据挖掘方法——最小二乘支持向量机（Least Square Support Vector Machine，LS - SVM）来实现最大功率和最大工作点电压的预测。预测出此时光伏阵列的最大工作点 d 的电压值，将点 d 电压值作为扰动的初始值，然后再根据初始值与当前值的关系，对光伏阵列的工作点进行调整，这就是基于 LS - SVM 的 MPPT 控制，该预测控制算法具有以下优点[91,92]：

（1）不依赖于复杂的系统数学模型，而是基于过程数据通过较为复杂的算法运算获得预测输出。其实现过程虽然较为复杂、困难，但控制精度较高，在太阳光辐射度剧烈变化情况下，能实现光伏阵列最大工作点电压的准确预测，避免误跟踪现象，大幅提高 MPPT 控制系统的性能。

（2）能够对光伏发电系统的最大功率进行预测，通过预测，可以了解光伏发电系统的运行特性，能为光伏并网发电系统的规划和设计提供重要的参考，同时还能解决与负荷的配合问题，有效减少光伏并网发电对电网的影响，有利于电网的规划、调度。

（3）适用于小样本情况，能得到全局最优解。

3.4.3　最小二乘支持向量机原理

3.4.3.1　支持向量机原理

支持向量机[93-95]是从数据分类问题研究中发展而来的。支持向量机搜寻一个分类面，使训练集中的点尽量远离这个分类面，如图 3-25 所示。H 为分类线，H_1 和 H_2 为平行于分类线的直线，且两类中离分类线最近的样本分别经过 H_1 和 H_2。

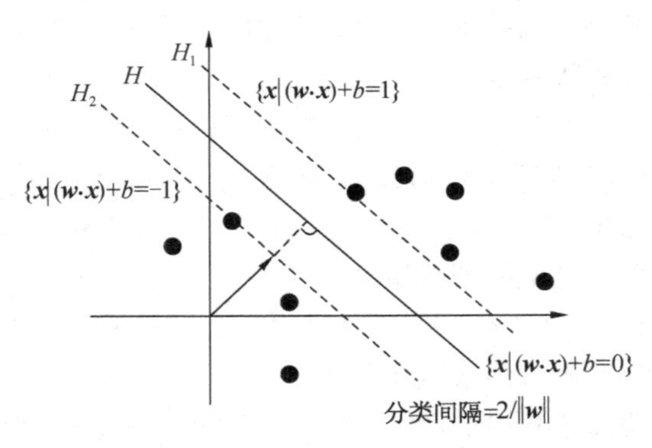

图 3-25　支持向量机最优超平面分割

一个线性可分样本集为 $(\boldsymbol{x}_1, y_1), (\boldsymbol{x}_2, y_2), \cdots, (\boldsymbol{x}_l, y_l)$，其中 $\boldsymbol{x} \in \mathbf{R}^n, y \in \{-1, 1\}$，分类线方程 $\boldsymbol{w} \cdot \boldsymbol{x} + b = 0$，对它进行归一化处理，使上述线性可分样本集满足

$$y_i[(\boldsymbol{w} \cdot \boldsymbol{x}_i) + b] - 1 \geqslant 0, i = 1, \cdots, l \tag{3-30}$$

这样的分类间隔最小，其值为 $2/\|\boldsymbol{w}\|$，满足式(3-30)并且使分类间隔最大的分类面即为最优分类面。H_1 和 H_2 上的训练样本就是支持向量。通过使分类间隔最大提高泛化能力是支持向量机的核心思想。

根据统计学理论，在 N 维空间中，设样本分布在一个半径为 R 的超球范围内，则满足 $\|\boldsymbol{w}\| \leqslant A$ 的正则超平面构成的 VC 维满足下面的不等式

$$h \leqslant \min([R^2 \cdot A^2], n) + 1 \tag{3-31}$$

因此，使 $\frac{1}{2}\|\boldsymbol{w}\|^2$ 最小与 VC 维的上界最小是等价的，实现了结构风险最小化原则中对函数复杂度的控制。

在式(3-31)约束下，使 $\frac{1}{2}\|\boldsymbol{w}\|^2$ 最小，可以定义一个拉格朗日函数，如

$$L(\boldsymbol{w},b,a)=\frac{1}{2}\|\boldsymbol{w}\|^2-\sum_{i=1}^{l}\{a_iy_i[(\boldsymbol{x}_i\cdot\boldsymbol{w})+b]-1\}\tag{3-32}$$

式中，a_i 为拉格朗日乘子，且 $a_i\geqslant 0$。

对 $\boldsymbol{w}$，b 最小化 $L(\boldsymbol{w},b,a)$，由最优解满足的条件（Karush-Kuhn-Tucker，KKT）可得

$$\begin{cases}\dfrac{\partial L(\boldsymbol{w}^*,b^*,a^*)}{\partial b}=0\Rightarrow\sum_{i=1}^{l}a_i^*\,y_i=0\\ \dfrac{\partial L(\boldsymbol{w}^*,b^*,a^*)}{\partial w}=0\Rightarrow\sum_{i=1}^{l}a_i^*\,\boldsymbol{x}_iy_i=\boldsymbol{w}\end{cases}\tag{3-33}$$

基于拉格朗日函数的对偶原理，将原问题转化为一个成对偶问题

$$\begin{cases}\max\sum_{i=1}^{l}a_i-\dfrac{1}{2}\sum_{i=1}^{l}\sum_{j=1}^{l}a_ia_jy_iy_j(\boldsymbol{x}_i\cdot\boldsymbol{x}_j)\\ \text{s.t. }\ a_i\geqslant 0,\ i=1,2,\cdots,l\\ \sum_{i=1}^{l}a_iy_i=0\end{cases}\tag{3-34}$$

求上式可得 a_i^* 的解，其中 a_i^* 不为零的项所对应的样本即为支持向量。获得的最优分类面函数为

$$f(\boldsymbol{x})=\mathrm{sgn}(\boldsymbol{w}^*\cdot\boldsymbol{x}+b^*)=\mathrm{sgn}\left[\sum_{i=1}^{l}a_i^*\,y_i(\boldsymbol{x}_i\cdot\boldsymbol{x})+b^*\right]\tag{3-35}$$

式中，b^* 为分类阈值，可以用任何满足式（3-35）的支持向量求得。

对于线性不可分的情况，分类函数可能出现错分样本的情形。为了控制错分样本数，在式（3-30）中引入松弛因子 $\xi_i\geqslant 0$，式（3-30）改写为变为 $y_i(\boldsymbol{w}\cdot\boldsymbol{x}_i+b)+\xi_i\geqslant 1$，同时将 $\frac{1}{2}\|\boldsymbol{w}\|^2$ 用 $\frac{1}{2}\|\boldsymbol{w}\|^2+\gamma(\sum_{i=1}^{l}\xi_i)$ 代替，即可满足错分样本数最小和分类间隔最大的条件，即所谓的广义最优分类面。其中 $\gamma\geqslant 0$ 体现了分类面对错分样本的惩罚程度。线性不可分和线性可分情况的区别在于其约束条件

更为严格。

关于非线性分类[96]，在原始空间中的简单最优分类面无法获得满意的分类结果，这时可以在变换空间求最优分类面。SVM 通过核函数变换巧妙解决了空间变换的复杂度。其采用的是用非线性变换 φ 将 n 维矢量空间中的向量 $\boldsymbol{x}$ 映射到高维特征空间，然后在高维特征空间中进行线性分类。

由此可知，寻优函数和分类函数都只与样本之间的内积运算 $\boldsymbol{x}_i \cdot \boldsymbol{x}_j$ 有关。由泛函理论可知，只要一种核函数 $K(\boldsymbol{x}_i, \boldsymbol{x}_j)$ 满足 Mercer 条件，它就对应某一变换空间中的点积。因此，在最优分类面中采用合适的内积函数 $K(\boldsymbol{x}_i, \boldsymbol{x}_j)$，能够实现一非线性变换后的线性分类，而计算复杂度并没有增加，此时目标函数（3-35）变为

$$Q(a) = \sum_{i=1}^{l} a_i - \frac{1}{2}\sum_{i,j=1}^{l} a_i a_j y_i y_j K(\boldsymbol{x}_i, \boldsymbol{x}_j) \tag{3-36}$$

相应的分类函数为

$$f(x) = \mathrm{sgn}\left[\sum_{i=1}^{l} a_i^* \, y_i K(\boldsymbol{x}_i \cdot \boldsymbol{x}) + b^*\right] \tag{3-37}$$

3.4.3.2 支持向量机回归

支持向量机回归，即采用非线性映射 $\varphi(\cdot)$ 将数据映射到高维特征空间 F（Hibert 空间），然后在这个空间中进行线性回归[97]，即

$$f(\boldsymbol{x}) = \boldsymbol{w}^{\mathrm{T}}\varphi(\boldsymbol{x}) + b \tag{3-38}$$

式中，$\varphi(\cdot)$ 为非线性函数；$\boldsymbol{w}$ 为权值；b 为阈值。这样，在高维特征空间的线性辨识就与低维输入空间的非线性辨识相对应。

l 组训练样本集 $\{\boldsymbol{x}_i, y_i\}$，$i=1,2,\cdots,l$，依据结构风险最小化原则，在特征空间进行最优化逼近的 $f(x)$ 要保证风险函数最小。

$$J = \frac{1}{2}\boldsymbol{w}^{\mathrm{T}} \cdot \boldsymbol{w} + \gamma\sum_{i=1}^{l} L(f(\boldsymbol{x}_i), y_i) \tag{3-39}$$

式中，γ 为正规化参数；惩罚函数 $L(\cdot)$ 通常取线性 ε 敏感函数，定义为

$$L(f(\boldsymbol{x}), y) = \max(0, |f(\boldsymbol{x}) - y| - \varepsilon) \tag{3-40}$$

采用对偶原理、拉格朗日乘子与核函数技术，将式(3-40)的最小化风险函数转化为下述的二次规划问题

$$\begin{cases}\min\limits_{a^*}\frac{1}{2}\sum\limits_{i,j=1}^{l}(a_i^*-a_i)(a_j^*-a_j)K(\boldsymbol{x}_i\cdot\boldsymbol{x}_j)+\varepsilon\sum\limits_{i=1}^{l}(a_i^*+a_i)-\sum\limits_{i=1}^{l}y_i(a_i^*-a_i)\\ \text{s. t.}\quad\sum\limits_{i=1}^{l}(a_i-a_i^*)=0\\ 0\leqslant a_i,a_i^*\leqslant\gamma,i=1,2,\cdots,l\end{cases}\tag{3-41}$$

式中，核函数 $K(\cdot,\cdot)$是满足 Mercer 条件的任何对称函数，与特征空间的点积相对应，即

$$K(\boldsymbol{x}_i,\boldsymbol{x}_j)=\varphi(\boldsymbol{x}_i)\varphi(\boldsymbol{x}_j)\tag{3-42}$$

求解上述二次规划问题，即可得到 a_i^* 和 a_i，然后结合 KKT 条件(最优条件)可得到阀值 b，$(a_i^*-a_i)$不为零时对应的输入样本即是支持向量。回归函数 $f(x)$可表达为

$$f(\boldsymbol{x})=\sum_{i=1}^{l}(a_i^*-a_i)K(\boldsymbol{x}_i,\boldsymbol{x})+b\tag{3-43}$$

3.4.3.3　最小二乘支持向量机

LS－SVM 是支持向量机的特例，在保持了支持向量机优越性能的基础上，解决了支持向量机不等式约束的二次规划问题所带来的计算复杂性，极大简化了计算，提高了求解问题的速度[98－100]。

设 l 组训练样本集$\{(\boldsymbol{x}_i,y_i)\}_{i=1}^{l}$，定义下述优化问题

$$\begin{cases}\min J(\boldsymbol{w},b,\boldsymbol{\xi})=\frac{1}{2}\boldsymbol{w}^{\mathrm{T}}\boldsymbol{w}+\gamma\frac{1}{2}\sum\limits_{i=1}^{l}\xi_i^2\\ \text{s. t.}\quad y_i=\boldsymbol{w}^{\mathrm{T}}\varphi(\boldsymbol{x}_i)+b+\xi_i,i=1,2,\cdots,l\end{cases}\tag{3-44}$$

式中，b 为拉格朗日乘子；ξ 为松弛因子。为求解式(3-44)的优化问题，构造如下拉格朗日函数

$$L(\boldsymbol{w},b,\xi,\boldsymbol{a})=J(\boldsymbol{w},b,\boldsymbol{\xi})-\sum_{i=1}^{l}a_i(\boldsymbol{w}^{\mathrm{T}}\varphi(\boldsymbol{x}_i)+b+\xi_i-y_i)\tag{3-45}$$

式中，$\boldsymbol{a}=(a_1,a_2,\cdots,a_l)^{\mathrm{T}}\in\mathbf{R}^l$；$\boldsymbol{\xi}=(\xi_1,\xi_2,\cdots,\xi_l)^{\mathrm{T}}\in\mathbf{R}^l$。根据 KKT 优化条件

$$\begin{cases}\dfrac{\partial L}{\partial \boldsymbol{w}}=0\Rightarrow \boldsymbol{w}=\sum\limits_{i=1}^{l}a_i\varphi(\boldsymbol{x}_i)\\ \dfrac{\partial L}{\partial b}=0\Rightarrow \sum\limits_{i=1}^{l}a_i=0\\ \dfrac{\partial L}{\partial \xi_i}=0\Rightarrow a_i=C\xi_i,i=1,2,\cdots,l\\ \dfrac{\partial L}{\partial a_i}=0\Rightarrow \boldsymbol{w}^{\mathrm{T}}\varphi(\boldsymbol{x}_i)+b+\xi_i-y_i=0,i=1,2,\cdots,l\end{cases} \tag{3-46}$$

计算后消去 ξ_i，$\boldsymbol{w}$，则优化问题可转化为求解下列方程组

$$\begin{bmatrix}0 & \boldsymbol{I}^{\mathrm{T}}\\ \boldsymbol{I} & \boldsymbol{K}+\gamma^{-1}\boldsymbol{I}\end{bmatrix}\begin{bmatrix}b\\ \boldsymbol{a}\end{bmatrix}=\begin{bmatrix}0\\ \boldsymbol{y}\end{bmatrix} \tag{3-47}$$

式中，$\boldsymbol{y}=[y_1,y_2,\cdots,y_l]^{\mathrm{T}}$；$\boldsymbol{I}=[1,1,\cdots,1]^{\mathrm{T}}$；$\boldsymbol{K}=K(\boldsymbol{x}_i,\boldsymbol{x}_j)=\varphi^{\mathrm{T}}(\boldsymbol{x}_i)\varphi(\boldsymbol{x}_j)$为核函数。这样 LS－SVM 的函数辨识为

$$f(\boldsymbol{x})=\sum_{i=1}^{l}a_iK(\boldsymbol{x}_i,\boldsymbol{x}_j)+b \tag{3-48}$$

LS－SVM 结构如图 3-26 所示。

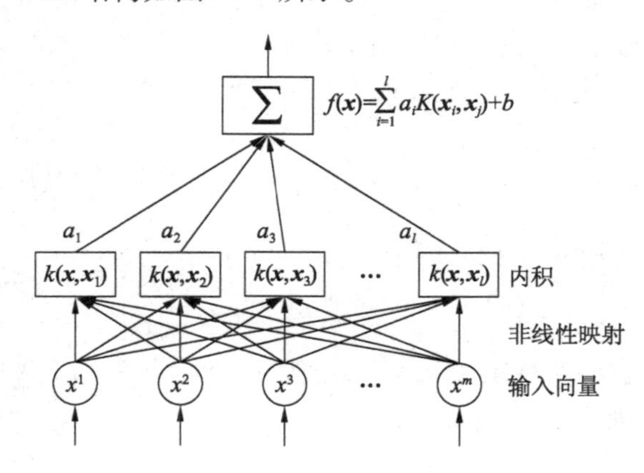

图 3-26　LS－SVM 预测器的结构

由于当前所研究的非线性系统一般都是多输入多输出系统，

而 LS－SVM 是建立在多输入单输出基础上，这就大大限制了 LS－SVM 在非线性回归中的应用[101]。为了满足非线性回归的要求，对其算法进行改进。

把式(3-44)中的松弛因子用误差的二次损失函数替换，其单输出问题(3-45)就变成为多输入多输出问题：

$$\begin{cases} \min J(\boldsymbol{w},b,\boldsymbol{\xi}) = \dfrac{1}{2}\sum_{i=1}^{n}\boldsymbol{w}_i^{\mathrm{T}}\boldsymbol{w}_i + \dfrac{1}{2}\gamma_i\sum_{i=1}^{n}\boldsymbol{\xi}_i\boldsymbol{\xi}_i^{\mathrm{T}} \\ \text{s.t.}\ y_i = \boldsymbol{w}_i^{\mathrm{T}}\varphi_i(\boldsymbol{x}) + \boldsymbol{\gamma}^{\mathrm{T}}\boldsymbol{b}_i + \boldsymbol{\xi}_i, i = 1,2,\cdots,l \end{cases} \tag{3-49}$$

式中，$\boldsymbol{\xi}\in\mathbf{R}^{l\times n}$；$n$ 为输出变量个数；$\varphi_i(\boldsymbol{x}) = [\varphi_i(\boldsymbol{x}_1),\varphi_i(\boldsymbol{x}_2),\cdots,\varphi_i(\boldsymbol{x}_l)]$；引入拉格朗日乘子 $\boldsymbol{a}$，$\boldsymbol{a}\in\mathbf{R}^{m\times l}$，$m$ 为输入向量个数，则问题(3-49)变为

$$\max L = \frac{1}{2}\sum_{i=1}^{l}\boldsymbol{w}_i^{\mathrm{T}}\boldsymbol{w}_i + \frac{1}{2}\sum_{i=1}^{l}\boldsymbol{\xi}_i\boldsymbol{\xi}_i^{\mathrm{T}} - \sum_{i=1}^{l}\boldsymbol{a}_i^{\mathrm{T}}(\boldsymbol{w}_i^{\mathrm{T}}\varphi_i(\boldsymbol{x}) + \boldsymbol{\gamma}^{\mathrm{T}}\boldsymbol{b}_i + \boldsymbol{\xi}_i - \boldsymbol{y}_i) \tag{3-50}$$

根据 KKT 优化条件

$$\begin{cases} \dfrac{\partial L}{\partial \boldsymbol{w}_i} = 0 \Rightarrow \boldsymbol{w}_i = \varphi(\boldsymbol{x}_i)\boldsymbol{a}_i^{\mathrm{T}} \\ \dfrac{\partial L}{\partial b_i} = 0 \Rightarrow \boldsymbol{\gamma}^{\mathrm{T}}\boldsymbol{a}_i^{\mathrm{T}} = 0 \\ \dfrac{\partial L}{\partial \boldsymbol{\xi}_i} = 0 \Rightarrow \boldsymbol{a}_i = \boldsymbol{\xi}_i, i = 1,2,\cdots,l \\ \dfrac{\partial L}{\partial \boldsymbol{a}_i} = 0 \Rightarrow \boldsymbol{w}_i^{\mathrm{T}}\varphi_i(\boldsymbol{x}) + \boldsymbol{\gamma}^{\mathrm{T}}\boldsymbol{b} + \boldsymbol{\xi}_i - \boldsymbol{y}_i = 0, i = 1,2,\cdots,l \end{cases} \tag{3-51}$$

由式(3-51)的第一项和第三项分别得到 $\boldsymbol{w}_i = \boldsymbol{a}_i\varphi_i^{\mathrm{T}}(\boldsymbol{x})$，$\boldsymbol{\xi}_i = \boldsymbol{a}_i$，代入式(3-51)的最后一项可得

$$\boldsymbol{a}_i\varphi_i^{\mathrm{T}}(\boldsymbol{x})\varphi_i(\boldsymbol{x}) + \boldsymbol{\gamma}^{\mathrm{T}} + \boldsymbol{a}_i - \boldsymbol{y}_i = \boldsymbol{0} \tag{3-52}$$

把式(3-52)与式(3-51)的第二项合并得到线性系统为

$$[\boldsymbol{b}_i \quad \boldsymbol{a}_i]\begin{bmatrix} \boldsymbol{0} & \boldsymbol{\gamma}^{\mathrm{T}} \\ \boldsymbol{\gamma} & K_i(\boldsymbol{x}_i,\boldsymbol{x}) + \boldsymbol{I} \end{bmatrix} = [\boldsymbol{0} \quad \boldsymbol{y}_i] \tag{3-53}$$

式中，$K_i(\boldsymbol{x}_i,\boldsymbol{x})$ 为核函数，由于矩阵 $\begin{bmatrix} \boldsymbol{0} & \boldsymbol{\gamma}^{\mathrm{T}} \\ \boldsymbol{\gamma} & K_i(\boldsymbol{x}_i,\boldsymbol{x}) + \boldsymbol{I} \end{bmatrix}$ 非奇异，所以

$$[\boldsymbol{b}_i \quad \boldsymbol{a}_i] = [\boldsymbol{0} \quad \boldsymbol{y}_i]\begin{bmatrix} \boldsymbol{0} & \boldsymbol{\gamma}^{\mathrm{T}} \\ \boldsymbol{\gamma} & K_i(\boldsymbol{x}_i, \boldsymbol{x}) + I \end{bmatrix}^{-1} \tag{3-54}$$

这样多输入多输出 LS－SVM 的第 i 个输出为

$$f_i(\boldsymbol{x}) = \boldsymbol{a}_i K(\boldsymbol{x}_i, \boldsymbol{x}_j) + \boldsymbol{b}_i \tag{3-55}$$

3.4.4 最大功率跟踪最小二乘支持向量机预测建模

3.4.4.1 LS－SVM 建模

光伏组件内部参数，如并联电阻、串联电阻、PN 结面积、导带和价带的有效态密度、主杂质和施主杂质的浓度、半导体材料的带隙、二极管系数等与光伏组件材料自身性能及生产工艺有关，难以确定；另外，光伏组件补偿系数是通过近似计算获得的，对于某一具体型号的光伏组件难以适用。因此，采用外特性模型的光伏组件模型与实际产品存在一定的差距，当对大型光伏并网发电系统进行 MPPT 控制时会造成较大误差，从而导致较大功率的损失。

通过研究发现，在特定条件下，光伏组件内部参数和补偿系数对某一具体型号的光伏组件而言为常数，光伏组件的最大功率 P_{m} 和最大工作点电压 V_{m} 主要取决于太阳光辐射度 S 和光伏组件工作温度 T。

光伏组件工作温度 T 和环境温度 T_{c} 存在如下关系[102]：

$$T = T_{\mathrm{c}} + K_T S \tag{3-56}$$

式(3-56)表示光伏组件的工作温度与环境温度和太阳光辐射度有关，但对于某一具体型号的光伏组件来说是常数。因此，可以用太阳光辐射度 S、环境温度 T_{c} 作为影响最大功率 P_{m} 和最大功率点电压 V_{m} 的有效参数，并通过 LS－SVM 建立它们之间的映射关系。其中，太阳光辐射度可以用辐射计测得，环境温度可以用温度计测得。

为了准确实现 P_{m} 和 V_{m} 预测，LS－SVM 回归预测模型的建立主要是寻找 P_{m}、V_{m} 与 S、T_{c} 之间的非线性关系，通过一个非线性映射 $\boldsymbol{\varphi}(\cdot)$，将实际测量的太阳光幅度和环境温度数据映射到高维空间 F，并在这个空间进行线性回归，即

$$\begin{cases} P_m, V_m = f(S, T_c) = (\boldsymbol{w} \cdot \boldsymbol{\varphi}(S \cdot T_c)) + b \\ \boldsymbol{\varphi}: R^2 \rightarrow F, \boldsymbol{w} \in F \end{cases} \tag{3-57}$$

式中,$\boldsymbol{w}$ 为参数列矢量;$\boldsymbol{\varphi}(S \cdot T_c)$ 为函数列矢量;b 为阀值。

3.4.4.2 基于 LS - SVM 的 P_m、V_m 预测分析

采用 LSSVMLAB(一种 LS - SVM 算法)算法来实现预测,其流程如图 3-27 所示。

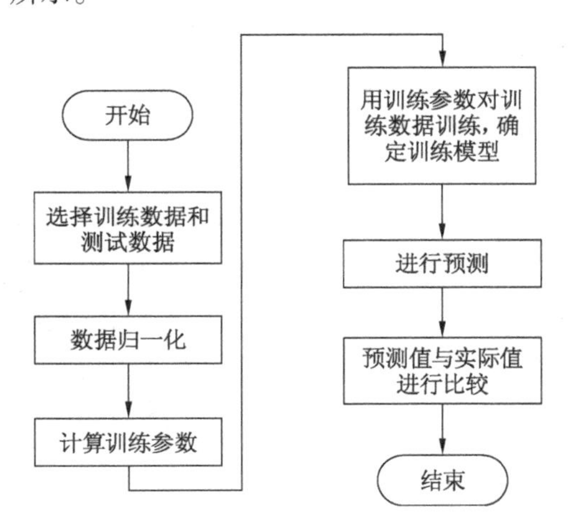

图 3-27 LS - SVM 预测流程图

(1) 数据的选取和预处理

数据选用镇江 2013 年 3 月份某晴天的 73 个统计数据作为训练数据,2013 年 1 月份某雾天的 73 个数据来作为测试数据,见表 3-3 和表 3-4。

表 3-3 部分训练数据(晴天)

太阳光辐射度 $S/(\mathrm{W \cdot m^{-2}})$	环境温度 T_c/℃	最大功率 P_m/W	最大工作点电压 V_m/V
18	8.7	31.43	2.69
73	9.1	31.88	11.06
128	10	32.28	19.68

续表

太阳光辐射度 $S/(\mathrm{W\cdot m^{-2}})$	环境温度 $T_c/℃$	最大功率 P_m/W	最大工作点电压 V_m/V
253	10.4	33.30	40.18
371	12.2	34.10	60.61
450	11.4	34.81	74.90
541	12.2	35.45	91.89
620	13.7	35.91	107.10
731	18.6	36.25	129.07
803	20.3	36.60	143.77

表 3-4　部分测试数据(雾天)

太阳光辐射度 $S/(\mathrm{W\cdot m^{-2}})$	环境温度 $T_c/℃$	最大功率 P_m/W	最大工作点电压 V_m/V
5	4.5	31.68	0.74
13	5	31.71	1.94
27	5.3	31.81	4.04
34	6.1	31.80	5.10
46	6.5	31.87	6.92
55	7.5	31.86	8.30
68	8	31.93	10.29
72	8.8	31.90	10.91
83	8.3	32.04	12.01
112	11.1	32.04	15.15

实际采集的 P_m、V_m数据和 S、T_c 之间的映射关系如图 3-28 和 3-29 所示，并对 P_m、V_m、S 和 T_c 均采用如下公式：

$$x=(X-X_{min})/(X_{max}-X_{min}) \tag{3-58}$$

对其进行归一化处理，使其在区间 0 和 1 之间。

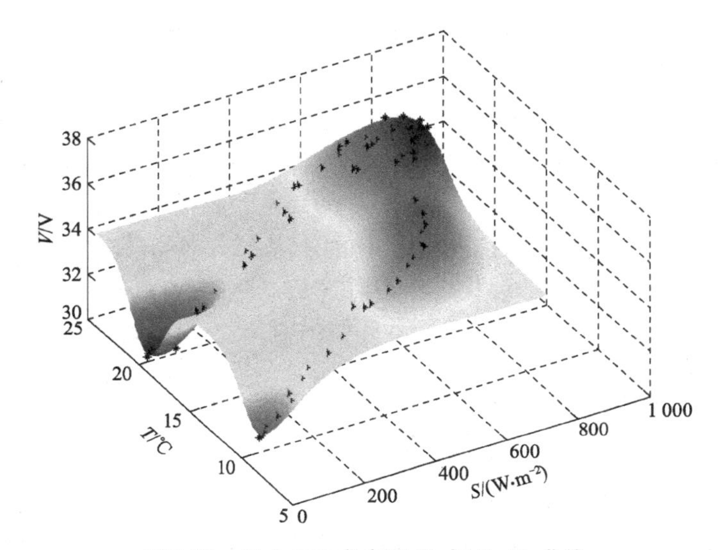

图 3-28　最大工作点电压 V_m 与 S，T_c 曲线

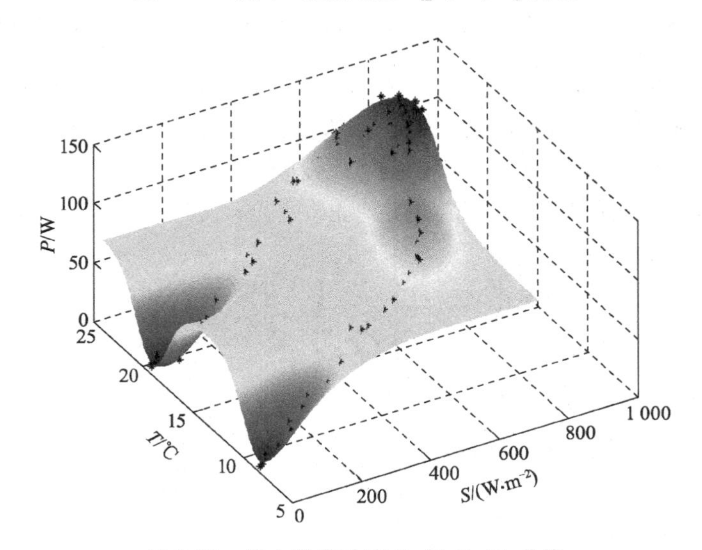

图 3-29　最大输出功率 P_m 与 S，T_c 曲线

（2）多输入多输出 LS－SVM 参数的选择及预测

LS－SVM 模型性能的关键是合理选择多输入多输出 LS－

SVM 的相应参数，即 $\boldsymbol{\gamma}$ 与 $\boldsymbol{\sigma}^2$，选择高斯核函数 $K(\boldsymbol{x},\boldsymbol{x})=\exp(-\|\boldsymbol{x}-\boldsymbol{x}_k\|^2/2\boldsymbol{\sigma}^2)$ 作为核函数，利用 k－折交叉验证法确定 LS－SVM 的参数 $\boldsymbol{\gamma}$ 和 $\boldsymbol{\sigma}^2$。具体过程如下；

首先将归一化后的训练样本数据集 $\{\{S,t\},\{V_{\mathrm{m}},P_{\mathrm{m}}\}\}$ 随机分为 k 个子集 $S_1,S_2,\cdots,S_k$，各子集中的元素个数可以不等；然后给定 LS－SVM 的初始参数值 γ_0,σ_0^2，分别使用 $k-1$ 个子集对 LS－SVM 进行训练，并用剩下的集合作为测试集；分别对 $k-1$ 个 LS－SVM 进行测试，得到 $k-1$ 个 LS－SVM 输出值 $\hat{\boldsymbol{x}}_1,\hat{\boldsymbol{x}}_2,\cdots,\hat{\boldsymbol{x}}_k$，最后分别计算平方和误差

$$E_i=\sqrt{\frac{1}{k-1}\sum_{i=1}^{k-1}(\hat{\boldsymbol{x}}_i-\boldsymbol{x}_i)^2}\quad i=1,2,\cdots,k-1 \tag{3-59}$$

调整最小的 E_i 所对应的 LS－SVM 参数为 $\boldsymbol{\gamma}_1,\boldsymbol{\sigma}_1^2$，按此迭代 k 次则可确定 LS－SVM 的最优参数值。本书选取 $k=5$，将训练集随机分为 5 个子集，对每个子集按照 $\min J(e)=\sum_{i=1}^{4}\frac{(\boldsymbol{x}_i-\hat{\boldsymbol{x}}_i)^2}{k-1}$ 的原则进行迭代，选定目标函数最小值所对应的参数为 LS－SVM 最优参数。

采用模型训练完成后的数据进行预测，LS－SVMLAB 预测值与实际值曲线如图 3-30 和图 3-31 所示，图 3-32 和图 3-33 分别为预测值与实际值之间的相对误差曲线。

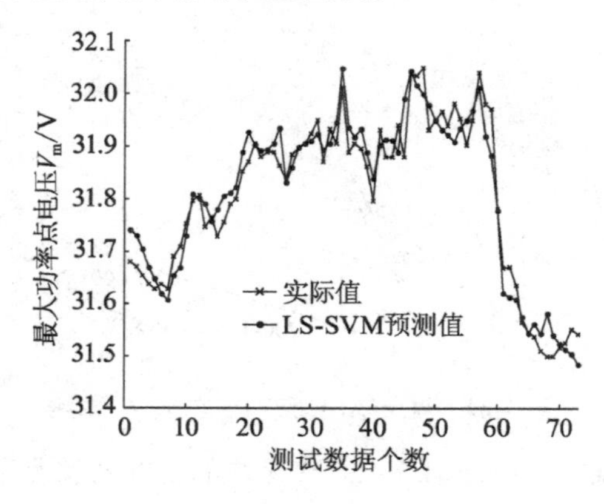

图 3-30　最大工作点电压曲线

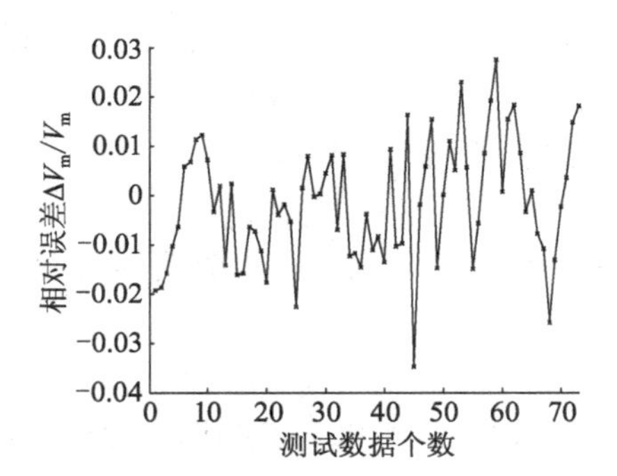

图 3-31　最大工作点电压相对误差曲线

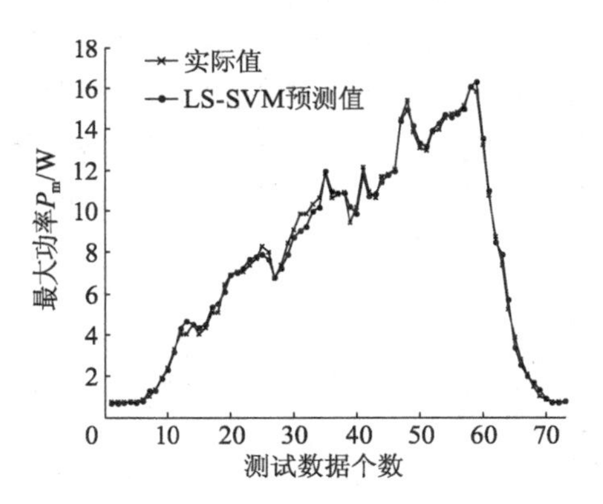

图 3-32　最大功率曲线

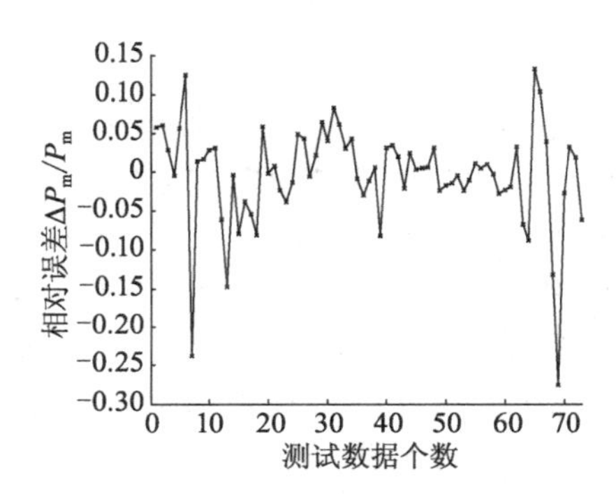

图 3-33　最大功率相对误差曲线

比较分析预测结果可知，最大工作点电压 V_m 的最大相对误差在4%以内，最大功率 P_m 的最大相对误差在4%以内，其变化趋势很好地逼近了真实情况，基于 LS－SVM 的预测法具有较高的预测精度和稳定性。

3.4.5 基于最小二乘支持向量机的最大功率跟踪控制及仿真

3.4.5.1 控制策略

基于 LS－SVM 预测的 MPPT 控制原理是：测量的太阳光辐射度 S 和环境温度 T_c，首先用 k－折交叉验证法确定 LS－SVM 回归模型的最佳参数，进而建立起基于 P_m，V_m 和 S，T_c 的预测模型；用 LS－SVM 回归方法来预测光伏阵列最大功率 P_m 和最大工作点电压 V_m，并将预测的最大工作点电压 V_m 设定为扰动的初始电压 V_{mref}；当光伏阵列的工作环境发生变化时，实时根据预测的 V_m 来修改 V_{mref}，从而达到 MPPT 跟踪及避免误跟踪的目的。其控制模型如图 3-34 所示。

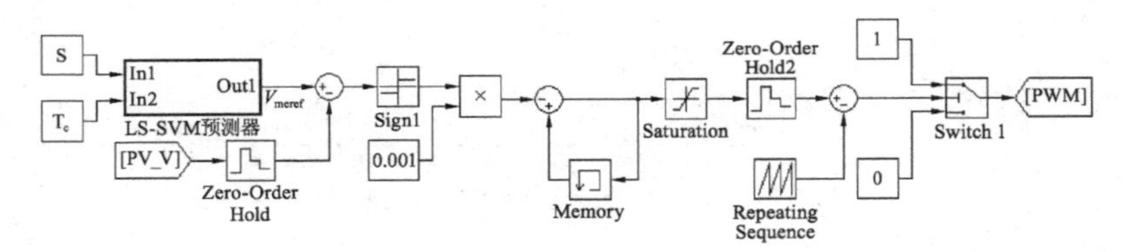

图 3-34 基于 LS－SVM 预测的 MPPT 控制模型

3.4.5.2 仿真分析

针对太阳光辐射度在 1 000 W/m^2 到 600 W/m^2 之间变化的情况下，测试基于 LS－SVM 预测 MPPT 控制方法的适应能力及动态响应能力。在 S＝1 000 W/m^2、T_c＝25 ℃及 S＝600 W/m^2、T_c＝25 ℃的条件下，LS－SVM 预测的 V_m 分别为 37.496 1 V 和 34.510 6 V，再根据光伏阵列串联的光伏组件数量，得出 V_{mref} 分别为 224.976 6 V 和 207.063 6 V，其仿真结果如图 3-35 和 3-36 所示。

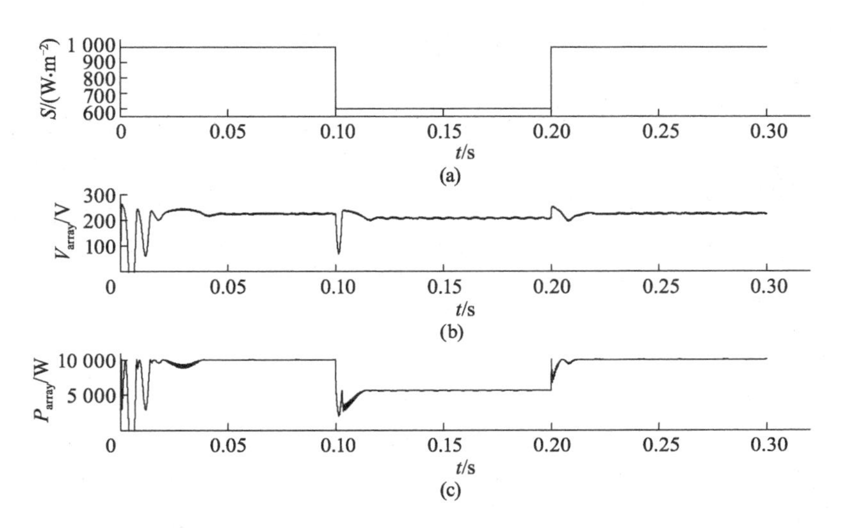

图 3-35　不同太阳光辐射度下光伏阵列的电压、功率曲线(LS－SVM)

从图 3-35 所示动态响应曲线可以看出，基于 LS－SVM 预测的 MPPT 控制法具有满意的调节效果，具有动态响应快、稳态误差小等优点；当太阳光辐射度剧烈变化时，光伏阵列的工作点迅速变化到最大工作点附近。

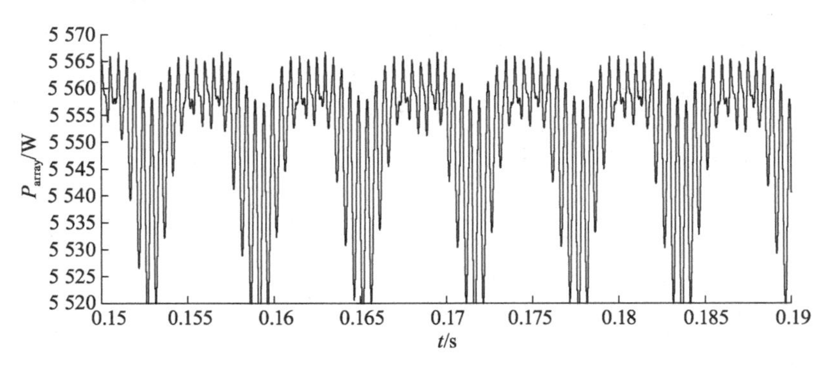

图 3-36　功率曲线(LS－SVM，$S=600$ W/m^2)

比较图 3-23 和图 3-36 发现，在太阳光辐射度变为 600 W/m^2 时，采用干扰观测法和基于 LS－SVM 预测的 MPPT 控制法输出的功率值都在 5 555 W 左右,这两种控制方法都有较好的控制效果。进一步分析可以发现,基于 LS - SVM 预测的 MPPT 控制法解决了干扰观测法容易发生误跟踪的缺陷。要进一步提高 LS - SVM 的预测精度,必须采用大量的数据进行训练。基于 LS - SVM 的最大功率和最大工作点电压预测是对光伏列阵 MPPT 预测领域的初步探索,为后续的研究提供了参考。

3.5 本章小结

本章研究了光伏组件在标准试验条件和非标准试验条件下的数学模型,提出了一种光伏阵列的简化数学模型,在 PSIM 仿真环境下采用外扩 DLL 方式建立了光伏阵列的外特性模型;研究了 MPPT 机理及其在光伏并网发电系统中的实现方式;分析比较了恒电压控制法、干扰观测法这两种典型的 MPPT 方法。最后,重点分析了基于 LS - SVM 预测的 MPPT 控制法,首先用 k - 折交叉验证法确定 LS - SVM 回归模型的最佳参数,进而建立起 P_m,V_m和 S,T_c的最大工作点预测模型,用 LS - SVM 回归的方法来进行光伏阵列最大功率 P_m和最大工作点电压 V_m预测,再将预测值用于 MPPT,实现了基于 LS - SVM 的 MPPT 预测控制。

第4章 光伏并网发电的功率稳定控制

在光伏并网发电系统中，光伏阵列由于受到太阳光辐射度、温度等外界环境的影响而不能持续、稳定地输出电能，特别是当有云层遮挡时，光伏阵列输出的功率发生剧烈的变化，会对光伏并网发电系统的稳定性造成影响。随着光伏并网发电技术的迅猛发展，其发电总量不断增大，功率波动对电网的影响程度也将愈加明显，如不采取适当的补偿措施，必将导致整个系统不能稳定地运行。为了充分发挥光伏并网发电的优势，减小光伏并网发电系统对电网的冲击，有必要对光伏并网发电系统的功率波动采取一定的补偿控制措施。

4.1 基于大功率的复合储能系统结构与特性分析

光伏阵列的输出功率主要受太阳光辐射度、温度等外界环境的影响，输出功率不稳定，如图4-1～图4-3所示；另外，用户一天中不同时段对电能的需求也不同，如图4-4所示。为了确保光伏并网发电系统供电的可靠性，减小光伏阵列输出功率波动、负荷功率脉动导致并网功率波动，采用了基于超级电容与蓄电池的复合储能方式来实现有功功率的补偿控制。这种复合储能方式充分发挥了超级电容瞬间大功率输出、使用寿命长和蓄电池能量密度大的优点，大幅提高了复合储能系统的峰值功率输出能力和寿命。

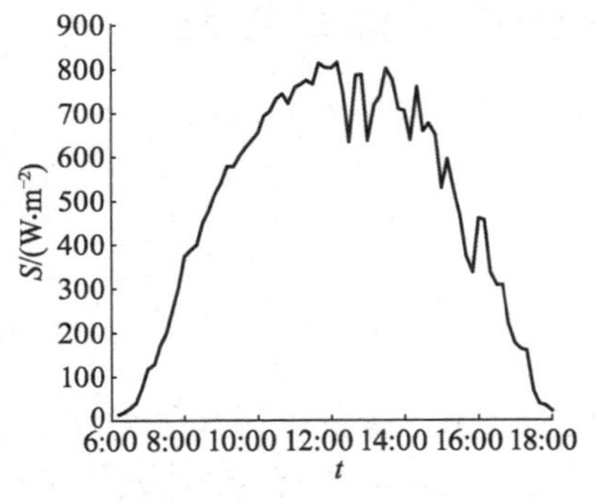

图 4-1　太阳光辐射度日趋势图

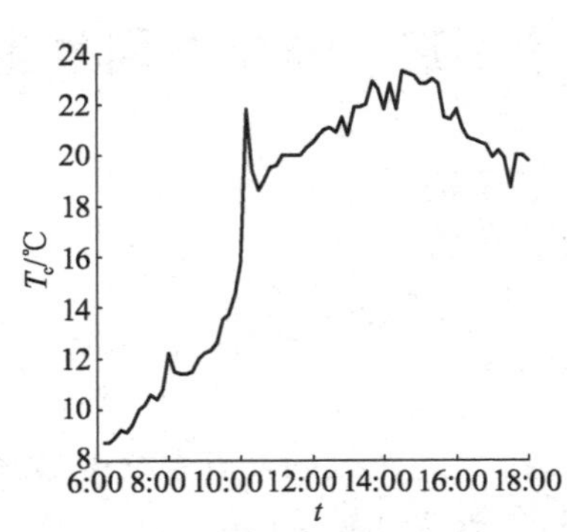

图 4-2　温度日趋势图

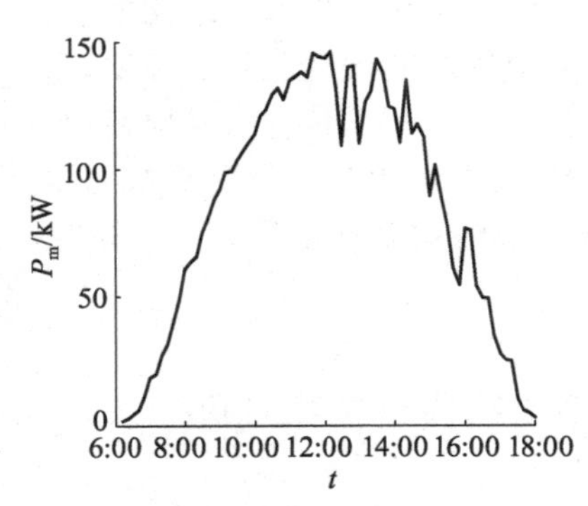

图 4-3　光伏阵列输出功率日趋势图

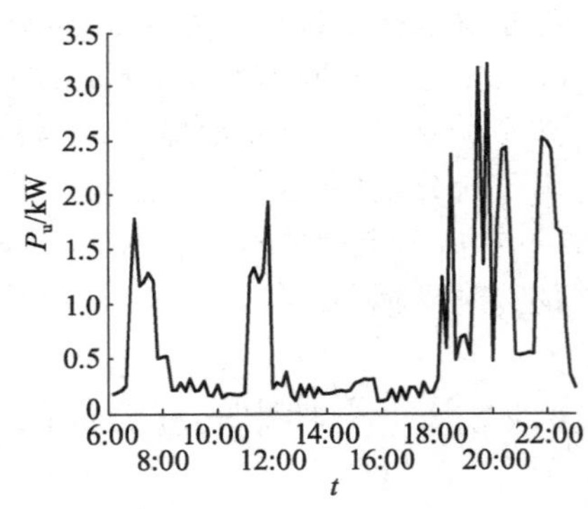

图 4-4　用电量日趋势图

4.1.1　系统结构及运行模态

4.1.1.1　混合储能系统的结构

根据超级电容－蓄电池混合储能系统拓扑结构的不同，混合储能系统可分为被动式混合储能系统、半主动式混合储能系统和全主动式混合储能系统[103]。

（1）被动式混合储能系统

被动式混合储能系统结构最为简单，如图 4-5 所示。其中，超级电容和蓄电池直接并联，它们两端的电压强制相等，因此必须根据蓄电池和负载的工作电压范围来选择超级电容的具体规格。

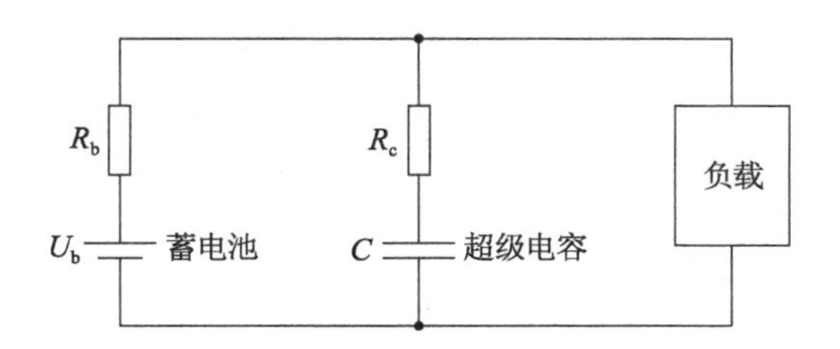

图 4-5　被动式混合储能系统

被动式混合储能系统有较强的功率输出能力,内部损耗有所减小。但是,该系统采用直接并联的方式,导致超级电容的利用率降低,负载电压在充放电过程中有较大变化,影响负载工作性能,设计灵活性不足[104]。

(2) 半主动式混合储能系统

半主动式混合储能系统如图 4-6 所示。其中超级电容通过双向 DC/DC 变换器与蓄电池并联。

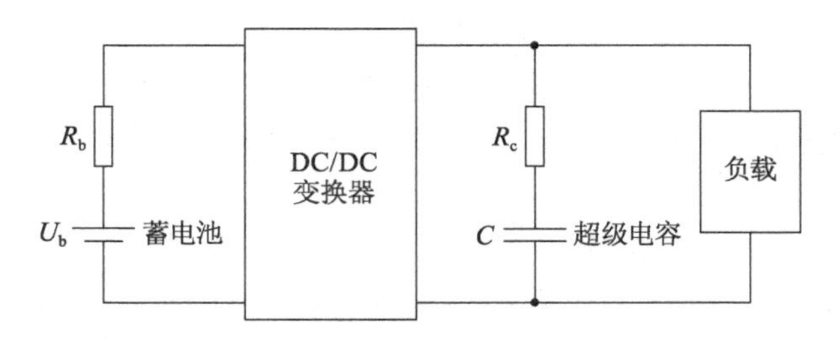

图 4-6　半主动式混合储能系统

半主动式混合储能系统充分发挥了超级电容具有一定储能和滤波能力的优点,通过对双向 DC/DC 变换器的控制,可以优化蓄电池的充电过程,从而进一步提升混合储能系统的性能。双向 DC/DC 变换器可设置为降压和升压式,从而对超级电容和蓄电池进行电压匹配。该结构在设计上比较灵活,蓄电池的放电过程得到优化,系统的功率输出能力也得到进一步提升[105]。

(3) 全主动式混合储能系统

全主动式混合储能系统如图 4-7 所示,超级电容和蓄电池分别通过双向 DC/DC 变换器与直流母线相并联。

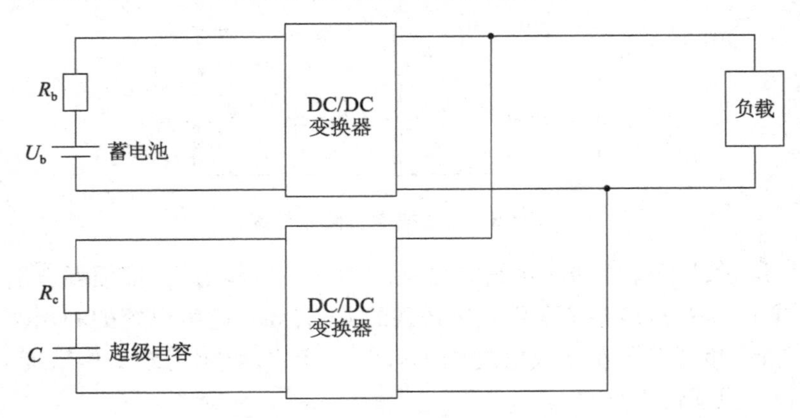

图 4-7　全主动式混合储能系统

全主动式混合储能系统中,超级电容和蓄电池的输入电压可以不同,只要能满足两者经过各自的 DC/DC 变换器后输出相同的电压即可。两个 DC/DC 变换器有 4 种设置方式:升压—升压、升压—降压、降压—降压和降压—升压[106]。该系统具有半主动式混合储能系统的全部优点,因此其灵活性很强,并具有良好的稳定性。

综合稳定性、电路的复杂性及经济性 3 个要素[107],采用全主动式混合储能系统对光伏并网发电系统的有功功率波动进行补偿。该结构的混合储能系统经过一定的控制策略还可实现超级电容、蓄电池单一供电和超级电容、蓄电池联合供电两种工作模式。对于结构日益复杂、庞大的光伏并网发电系统,通过分别对超级电容和蓄电池的控制,可以极大地优化整个系统的性能,不但可以对功率波动进行补偿,还能对负载脉动等其他恶劣的运行情况进行改善,从而实现使系统变得更加“柔和”的目的。

4.1.1.2　混合储能系统的运行模态分析

混合储能系统的运行模态根据天气情况和混合储能系统的状态可分为 5 种情况:

(1) 晴天,在一定时间内,太阳光辐射度、环境温度相对稳定时，光伏阵列发出的功率比较平稳，混合储能系统不工作，光伏阵列发出的所有能量通过双向 PWM 逆变器并入电网，如图 4-8 所示。

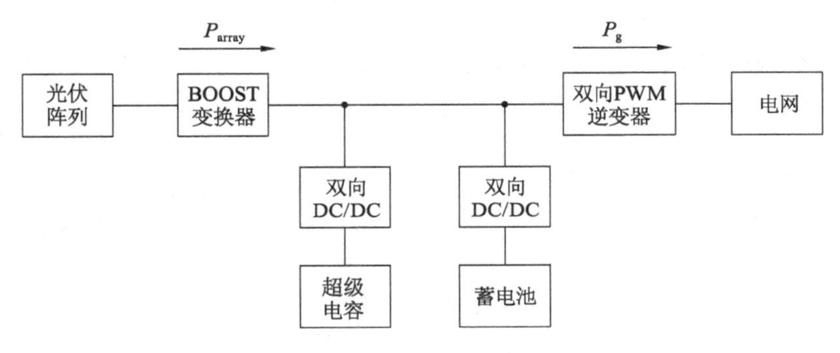

图 4-8　晴天，环境条件稳定时运行模态

（2）多云天气，当云层遮挡太阳时，导致太阳光辐射度短时间内减弱，光伏阵列发出的功率减少，此时，光伏阵列发出的所有能量通过双向 PWM 逆变器并入电网，同时通过对双向 DC/DC 变换器的控制使超级电容释放电能来补偿外界环境变化导致的有功功率波动，并保证蓄电池不工作；直到超级电容将所有能量释放完，蓄电池才工作，从而实现整个光伏并网发电系统有功功率平稳输出，如图 4-9 所示。

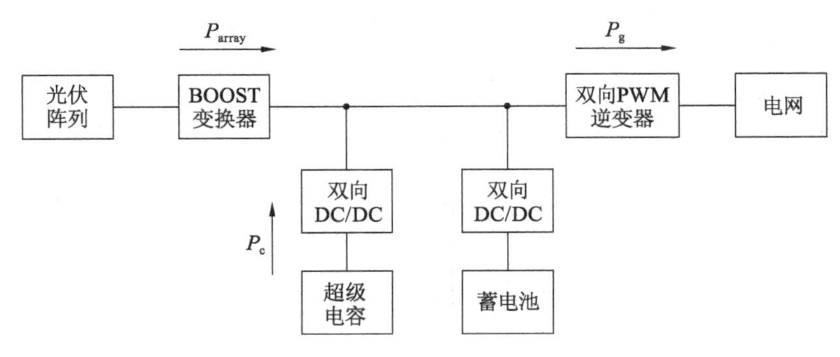

图 4-9　多云，太阳光辐射度短时间内减弱时运行模态

（3）多云天气，当云层消失时，导致太阳光辐射度短时间内增强，光伏阵列发出的功率增加，此时，光伏阵列发出的全部能量通过双向 PWM 逆变器并入电网，同时通过对双向 DC/DC 变换器的控制使超级电容存储电能来补偿外界环境变化导致的有功功率波动，并保证蓄电池不工作；直到超级电容充电完成，蓄电池才工作，从而实现整个光伏并网发电系统有功功率的平稳输出，如图 4-10 所示。

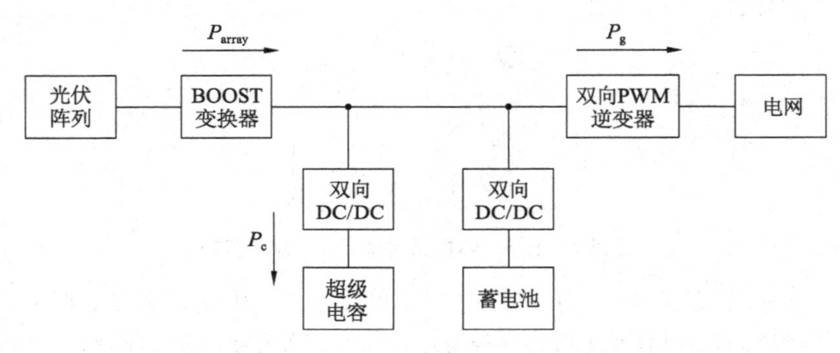

图 4-10　多云，太阳光辐射度短时间内增强时运行模态

（4）阴雨天气或夜间，光伏阵列不工作，此时，通过对双向 DC/DC 变换器的控制使超级电容和蓄电池同时工作，共同释放能量，对负载进行供电，当供电能量不足时，由电网给负载供电，如图 4-11 所示。

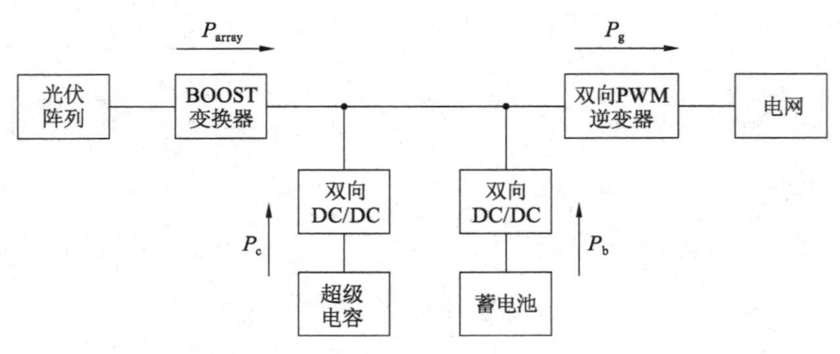

图 4-11　阴雨天气或夜间时运行模态

（5）混合储能系统能量不足时，若光伏阵列发出的功率持续

不断地增加并超过设定值,则光伏阵列发出的能量一部分通过双向 PWM 逆变器并入电网,另一部分给超级电容和蓄电池充电;在阴雨天气或夜间,光伏阵列不工作,则由电网对它们进行充电,如图 4-12 所示。

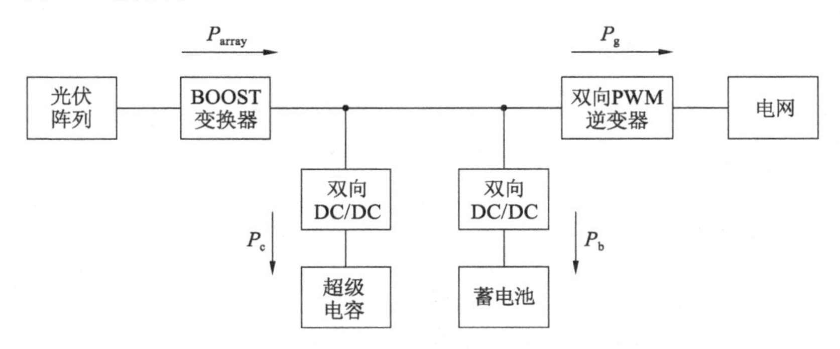

图 4-12　混合储能系统能量不足时运行模态

4.1.2　系统特性分析

在全主动式混合储能系统中,当两个 DC/DC 变换器中一个工作,另一个不工作时,其系统模型和性能与单个超级电容或蓄电池电路相似。当两个 DC/DC 变换器同时工作时,其系统模型和性能与被动式结构有相似之处,但又有很多不同。此时,超级电容和蓄电池的端电压可以不同,并且两者均可控,这样就极大地提升了整个混合储能系统的性能及灵活性,能够通过适当的能量管理对各种恶劣的情况进行改善。究其本质,被动式是全主动式混合系统运行的特殊状态。

4.1.2.1　被动式混合储能系统的模型分析

超级电容和蓄电池的简化等效电路模型如图 4-13 所示,其中超级电容等效为理想电容与其内阻的串联,蓄电池等效为理想直流电压源与其内阻的串联。C 为理想电容;R_c 为超级电容的等效电阻;i_c 为超级电容支路电流;V_b 为理想直流电压源;R_b 为蓄电池的等效电阻;i_b 为蓄电池支路电流;i_l 为负载电流。

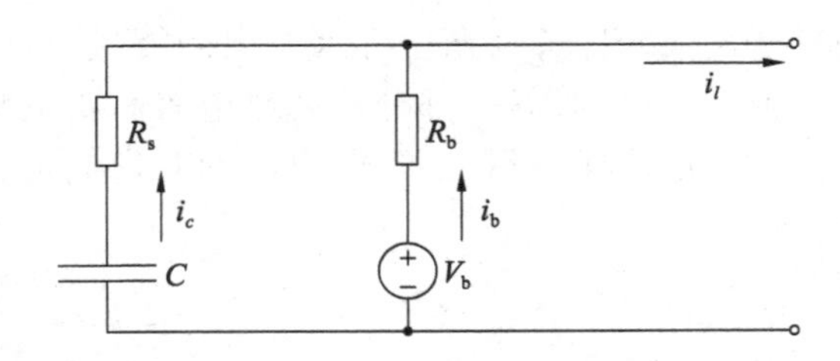

图 4-13 混合储能系统的等效电路图

4.1.2.2 被动式混合储能系统的性能分析

假设电路中的负载是脉动的，并设 I_m 为负载电流 I_1 的幅值，T_1 为脉动周期，D_1 为占空比，得

$$I_1(t) = I_m \sum_{k=0}^{N-1} \{\varphi(t - kT_1) - \varphi[t - (k + D_1)T_1]\} \tag{4-1}$$

式中，$\varphi(t)$ 为标准阶跃函数。

经过拉斯变换和拉斯反变换后，可以得到超级电容支路的稳态工作电流 I_{css} 和蓄电池支路的稳态工作电流 I_{bss}。

$$I_{css}(t) = \frac{R_b I_m}{R_b + R_c} \sum_{k=0}^{N-1} \left\{ e^{-\frac{t-kT}{(R_b+R_c)C}} \varphi(t - kT) - e^{-\frac{t-(k+D)T}{(R_b+R_c)C}} \varphi[t - (k + D)T] \right\} \tag{4-2}$$

$$I_{bss}(t) = I_m \sum_{k=0}^{N-1} \left\{ \left[1 - \frac{R_b}{R_b + R_c} e^{-\frac{t-kT}{(R_b+R_c)C}}\right] \varphi(t - kT) - \left[1 - \frac{R_b}{R_b + R_c} e^{-\frac{t-(k+D)T}{(R_b+R_c)C}}\right] \varphi[t - (k + D)T] \right\} \tag{4-3}$$

当 $t = (k + D)T$ 时，I_{bss} 的最大值 I_{bpeak} 为

$$I_{bpeak} = I_m \left[1 - \frac{R_b e^{\frac{DT}{(R_b+R_c)C}}}{R_b + R_c} \frac{1 - e^{\frac{(1-D)T}{(R_b+R_c)C}}}{1 - e^{\frac{T}{(R_b+R_c)C}}}\right] = \frac{I_m}{\gamma} \tag{4-4}$$

式中，γ 为储能系统的功率增强因子，与混合储能系统的参数及负载的参数有关，其数值大于 1，γ 的值越大，混合储能系统的功率输出能力就越强。当负载脉动时，脉动负载的电流幅值大于蓄电池支路的最大输出电流，此时，超级电容承担其余电流的输出。超级电容能进行瞬时大功率输出，因而整个混合储能系统的功率

输出能力就大大提高了。

功率增强因子 γ 与脉动负载参数的关系曲线如图 4-14 所示，其中脉动负载的占空比和周期越小，功率增强因子 γ 就越大，混合储能单元的能量输出能力也就越强。

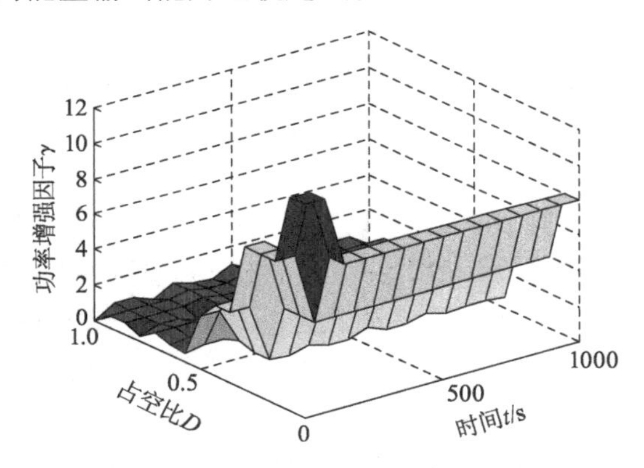

图 4-14　功率增强因子与负载参数的关系

功率增强因子 γ 与超级电容参数的关系如图 4-15 所示。其中超级电容的理想电容量越大，等效内阻越小，功率增强因子 γ 就越大，储能单元的功率输出能力也就越强。

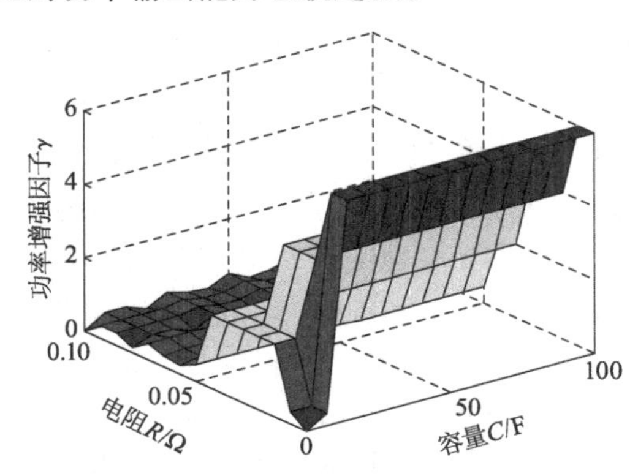

图 4-15　功率增强因子与超级电容参数的关系

综上所述，被动式混合储能系统通过降低蓄电池支路电流的峰值，抑制了蓄电池的电压跌落，从而降低了内部损耗，提高了蓄电池的动态响应能力。对于全主动式混合系统来说,可以通过对超级电容支路和蓄电池支路 DC/DC 变换器的优化控制,进一步提高功率增强因子 γ 的值,使系统输出功率的能力增强,提升整个混合储能系统的各项性能。

4.2 基于大功率复合储能的光伏并网发电有功分级补偿控制

目前光伏并网发电系统大多数为不可调度式系统,在系统中通过增加储能装置、DC/DC 变换器和相应的检测、控制电路就可以将不可调度光伏并网发电系统改造为可调度光伏并网发电系统。通过对超级电容和蓄电池的工作状态的优化控制,可以克服被动式混合储能系统中超级电容工作过程不可控的缺点,增强该混合储能系统的灵活性。另外,由于全主动式混合储能系统在超级电容和蓄电池支路都有双向 DC/DC 变换器,因此,可以实现各种电压等级的直流母线与各种电压等级的储能装置相连接,从而比主动式混合储能单元应用范围更广,控制方式也更为灵活。

4.2.1 有功分级补偿控制原理

有功补偿控制的原理是:综合考虑光伏系统的容量、当地的太阳光辐射度、环境温度及用户的用电量等情况,设定参考功率值 P_g^* 及预设值 δ。系统通过检测电路实时检测光伏阵列的输出功率 P_{array},根据 P_{array} 相对于参考功率值 P_g^* 的差值及功率波动类型判断超级电容和蓄电池采取何种组合与系统并联。当 $P_g^* - P_{array} < \delta$ 时,超级电容和蓄电池均不与直流母线接通;$P_g^* - P_{array} > \delta$ 且 $P_g^* - P_{array}$ 为脉动功率波动(即功率波动持续时间很短)时,实行第一级控制,仅超级电容与直流母线接通,蓄电池不工作,通过超级电容来维持直流母线电压的恒定,同时补偿光伏阵列输出功率的波动;$P_g^* - P_{array} > \delta$ 且 $P_g^* - P_{array}$ 为常规功率波动时,实行第二级控制,仅接通蓄电池或同时接通超级电容和蓄电池,充分发挥蓄电池能量密度大的优点,如图 4-16 所示。

预设值 δ 的大小与蓄电池的充放电有密切关系，如果 δ 值设置过小，蓄电池充放电会过于频繁，起不到对蓄电池的保护作用；如果 δ 值设置过大，虽然会减少蓄电池的充放电次数，但是直流母线电压的波动会变大，影响系统性能。预设值 δ 由整个系统的容量、参考功率值 P_g^*、蓄电池剩余容量及超级电容剩余容量共同决定。

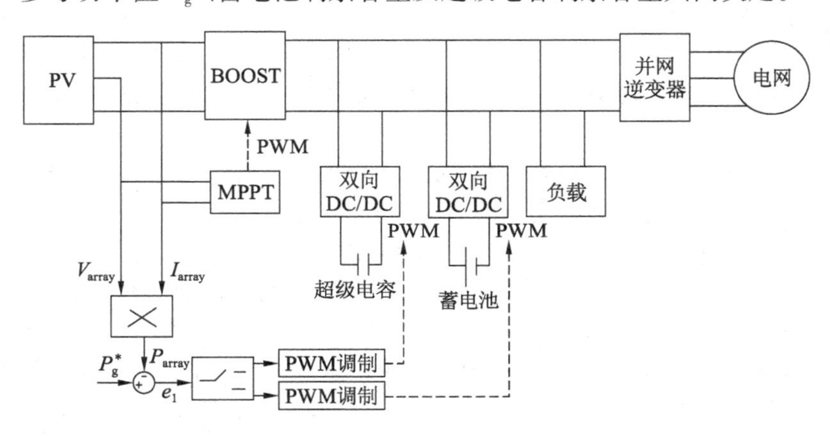

图 4-16　有功分级补偿控制策略

4.2.2　复合储能系统容量优化配置

蓄电池、超级电容的容量主要由天气情况和负荷的用电情况决定。

4.2.2.1　蓄电池的容量设置

蓄电池的容量公式为[108]：

$$C_b = \frac{k_b W_1 T_1}{dU_b} \tag{4-5}$$

式中，k_b 为修正系数，与太阳光辐射度、环境温度、湿度、双向 DC/DC 的转换效率等有关；W_1 为负载每小时累计用电量；T_1 为单独由储能系统供电的不间断供电小时数；d 为蓄电池放电深度；U_b 为蓄电池的额定电压。

4.2.2.2　超级电容的容量设置

超级电容的容量设置满足下式：

$$\frac{1}{2}nC_c(U_{max}-U_{min})=k_cP_tT_tD \tag{4-6}$$

$$C_c=\frac{2k_cP_tT_tD}{n(U_{max}-U_{min})} \tag{4-7}$$

式中，n 为超级电容的数量；C_c 为超级电容的容量；U_{max}、U_{min} 为单体超级电容的最大工作电压、最小工作电压；k_c 为修正系数，与太阳光辐射度、环境温度、湿度等有关；P_t 为脉冲负载与脉动功率波动的最大值；T_t 为脉冲负载与脉动功率波动的最大值的周期；D 为占空比。

4.2.3 基于模糊 PID 的双向 DC/DC 变换器的控制及仿真

对超级电容和蓄电池支路的控制是通过控制双向 DC/DC 来实现的。以超级电容支路为例，参考功率值 P_g^* 与光伏阵列输出的功率 P_{array} 的偏差，通过 PID 功率调节器进行调节，得到超级电容支路电流参考值 I_c^*，I_c^* 与实际的蓄电池支路电流 I_c 的偏差通过 PID 电流调节器得到输出信号，经过 PWM 调制产生双向 DC/DC 变换器的开关管的驱动信号。这种常规的 PID 调节器不能在线整定 K_P、K_I、K_D，从而影响控制系统性能。

基于对 PID 控制器参数的自整定方法、模糊控制器设计方法的研究，设计了一种模糊自整定 PID 控制器。该控制器是在整定出 PID 初始参数的基础上，根据功率波动 e 和变化率 ec 两个因素来确定参数调整量的方向和大小，通过把已有专家经验的 PID 参数整定经验总结成模糊规则模型，形成查询表。根据控制系统的实际响应情况，运用模糊推理与决策实现对 PID 参数的在线调整[109]。该方法将经典 PID 控制与模糊控制的简便性、灵活性及鲁棒性融为一体。其控制原理如图 4-17 所示。

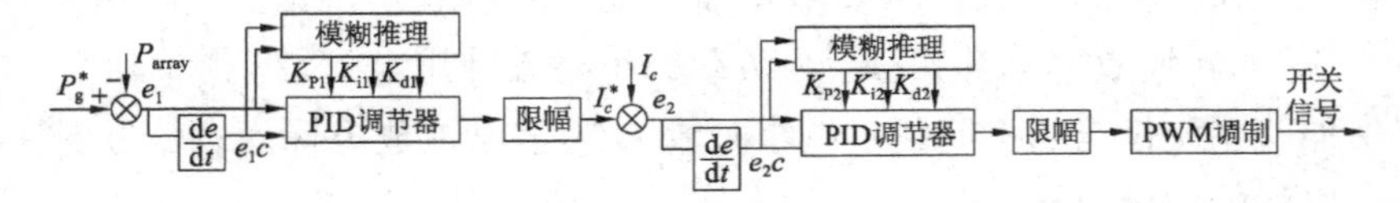

图 4-17 双向 DC/DC 变换器控制框图

以功率模糊 PID 控制器为例，功率偏差 e_1 和偏差变化率 ec_1 为输入，ΔK_{P1}、ΔK_{I1}、ΔK_{D1} 为输出。共有 7 个语言值：{负大，负中，负小，零，正小，正中，正大}，其模糊子集为：{NB，NM，NS，ZO，PS，PM，PB}，将论域量化为：{−4，−3，−2，−1，0，1，2，3，4}9 个等级。

模糊控制器的输出根据下式对 PID 参数进行修正：

$$\begin{cases} K_{P1} = K'_{P1} + \Delta K_{P1} \\ K_{I1} = K'_{I1} + \Delta K_{I1} \\ K_{D1} = K'_{D1} + \Delta K_{D1} \end{cases} \tag{4-8}$$

式中，K_{P1}、K_{I1}、K_{D1} 和 K'_{P1}、K'_{I1}、K'_{D1} 为调整后的和上一次所选用的比例、积分和微分因子；ΔK_{P1}、ΔK_{I1}、ΔK_{D1} 为需要增加或者减小的比例、积分、微分因子。

根据 PID 参数对系统的影响，在 PID 算法的基础上，结合实际的操作经验，建立合适的模糊控制表。写成语言表达式为

$$\text{if e = PB and ec = PB then } \Delta K_P = NB$$

类似地，当 e、ec 为其他情况时，也可以写出规则，见表 4-1。同理，也可以得到 ΔK_I 和 ΔK_D 的模糊规则，见表 4-2 和表 4-3。

表 4-1　ΔK_p 的模糊规则表

ec \ e	NB	NM	NS	ZO	PS	PM	PB
NB	PB	PB	PB	PM	PM	PS	ZO
NM	PB	PB	PM	PS	PS	ZO	ZO
NS	PM	PM	PS	PS	ZO	NS	NS
ZO	PM	PS	PS	ZO	NS	NS	NM
PS	PS	PS	ZO	NS	NS	NM	NM
PM	ZO	ZO	NS	NS	NM	NM	NB
PB	ZO	NS	NS	NM	NB	NB	NB

表 4-2　ΔK_{I} 的模糊规则表

ec	*e*						
	NB	NM	NS	ZO	PS	PM	PB
NB	NB	NB	NB	NM	NS	NS	ZO
NM	NB	NB	NM	NM	NS	ZO	ZO
NS	NM	NM	NM	NS	ZO	PS	PS
ZO	NM	NM	NS	ZO	PS	PM	PM
PS	PS	PS	ZO	PS	PS	PM	PM
PM	ZO	ZO	PS	PS	PM	PB	PB
PB	ZO	NS	PS	PM	PB	PB	PB

表 4-3　ΔK_{D} 的模糊规则表

ec	*e*						
	NB	NM	NS	ZO	PS	PM	PB
NB	PS	PS	ZO	ZO	ZO	PB	PB
NM	NS	NS	NS	NS	ZO	NS	PM
NS	NB	NB	NS	NS	ZO	PS	PM
ZO	NB	NM	NM	NS	ZO	PS	PS
PS	NM	NS	NM	NS	ZO	PS	PS
PM	NM	ZO	NS	ZO	ZO	PM	PM
PB	ZO	ZO	ZO	NS	ZO	PB	PB

4.2.4　有功补偿特性与仿真分析

在 MATLAB 仿真平台下，建立全主动式混合储能系统仿真模型来验证有功功率补偿控制策略，其仿真参数如下：光伏组件选用 TSM－185DC01 型单晶硅组件，采用6 块串联9 组并联的方式构成10 kW 光伏系统。预设值 δ 为 500 W；设定太阳光辐射度为 1 000 W/m^2、光伏阵列工作温度为 25 ℃，则光伏发电系统并网功率的参考值 P_{g}^{*} 为 10 kW。仿真结果如图 4-18 ~ 图 4-23 所示。

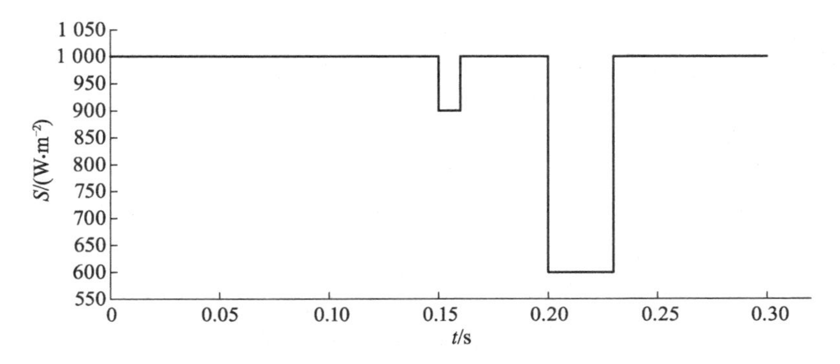

图 4-18　太阳光辐射度 S 曲线

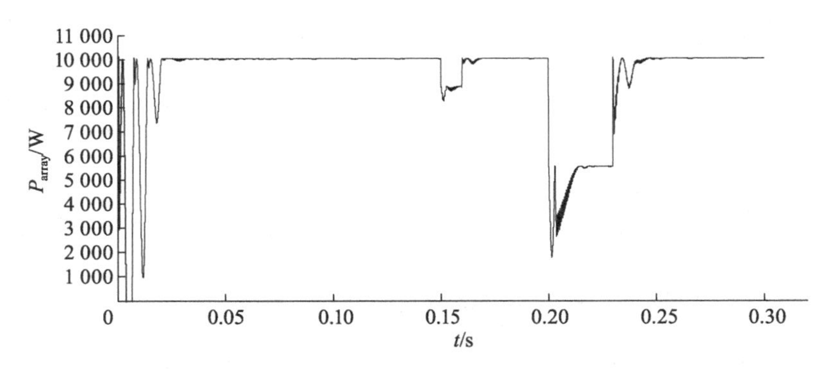

图 4-19　光伏阵列输出功率 P_{array} 曲线

图 4-18 为太阳光辐射度曲线，在 0. 15 ~ 0. 16 s 时间内，太阳光辐射度发生脉动现象；在 0. 2 ~ 0. 23 s 时间内，太阳光辐射度变化较大。从图 4-19 可以进一步看出太阳光辐射度的变化导致光伏阵列输出功率的变化程度。此时，系统根据并网功率参考值 P_g^* 与其实际值 P_g 的差值及功率波动类型，判断并控制超级电容和蓄电池的工作状态，如图 4-20 ~ 图 4-21 所示。

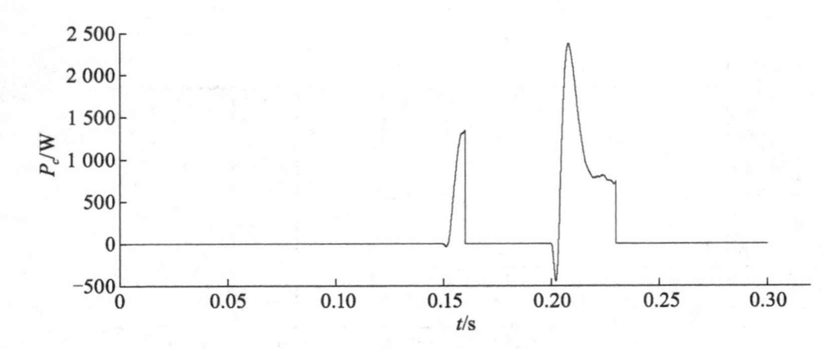

图 4-20　超级电容输出功率 P_c 曲线

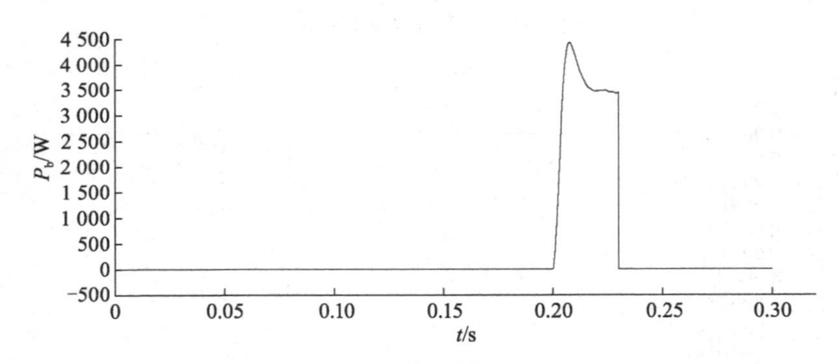

图 4-21　蓄电池输出功率 P_b 曲线

从图 4-20 和图 4-21 中可以看出，0.15～0.16 s 时间内，由于功率波动为脉动形式，只有超级电容投入运行，这使得蓄电池的充放电次数得到减少，使用寿命变长；在 0.2～0.23 s 时间内，由于功率波动较大、持续时间较长，超级电容和蓄电池同时放电，充分发挥了蓄电池能量密度大的优势，对大范围的功率波动进行补偿。

图 4-22 为混合储能系统输出功率曲线，对比图 4-19 和图 4-22 可以发现，当光伏阵列输出功率由于受到扰动信号的干扰而产生一个"波谷"时，混合储能系统会相应的产生一个"波峰"来抵消"波谷"对电网的冲击。通过进一步研究发现，这样的"波峰"和"波谷"并不是完全对称的，即"波峰"并不能完全将"波谷"填满，这是由于在光伏列阵和电网之间还存在一个 BOOST 电路和并网逆

变器，这两个变换器都会导致一定的功率损失；另外，检测到产生控制信号的延时，以及超级电容与蓄电池的功率密度的差异等因素都会导致一定的误差。

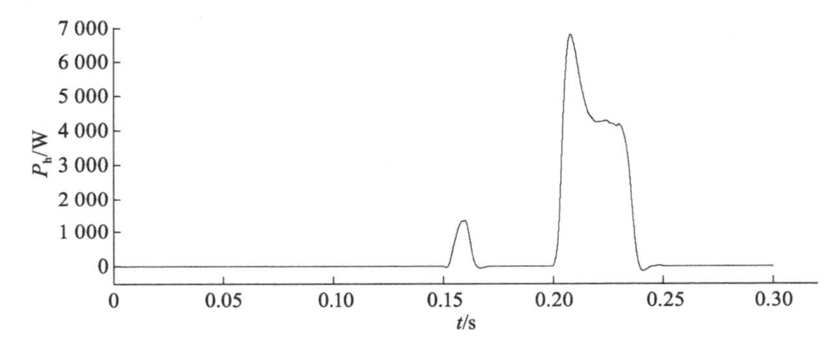

图 4-22　混合储能系统输出功率 P_h 曲线

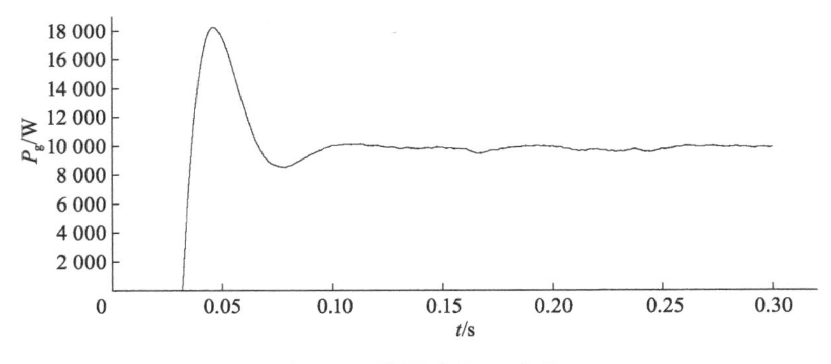

图 4-23　并网功率 P_g 曲线

图 4-23 为并网功率 P_g 曲线，对比图 4-19 和图 4-26 可以发现，光伏阵列受到外界环境的扰动，输出功率发生较大波动，采用有功功率补偿控制策略后，其并网功率较为平滑，系统稳定后最大功率波动不到 5%，效果较好。

4.3　本章小结

本章研究了超级电容和蓄电池大功率复合储能系统的结构，

分析了系统的5种运行模态、被动式混合储能系统的模型和性能;提出了基于大功率储能的有功分级补偿控制及模糊PID整定策略;给出了有功补偿控制流程图;最后,对混合储能系统的特性进行了研究。结果表明,本章提出的控制策略可以有效补偿有功功率的波动。

第 5 章　光伏并网发电与无功补偿的一体化控制

由于光伏功率控制系统的双向 PWM 逆变器的结构为电压型桥式结构,该结构与 STATCOM 的电路形式基本相同[110],因此,可以通过对双向 PWM 逆变器的控制实现光伏并网发电和无功补偿的一体化控制。这样,光伏功率控制系统可以向电网同时提供有功功率和无功功率,从而在并网发电的同时不需要增设额外的无功补偿装置就能实现对负载线路中的无功功率进行补偿,从而提高光伏电能质量,降低能量损耗。

5.1　并网发电与无功补偿统一控制原理

5.1.1　一体化系统结构及控制原理

一体化系统采用两级式结构,由光伏阵列、BOOST 电路、双向 PWM 逆变器等部件组成,如图 5-1 所示。其中,光伏阵列将太阳辐射的光能转换为直流电能输送到前级 BOOST 电路的输入端,BOOST 电路实现 MPPT 控制及直流电压的升压功能,再将升压后的直流电能输送到后级双向 PWM 逆变器;双向 PWM 逆变器在进行并网逆变的同时还实现了 STATCOM 的功能,产生一个与负载中无功电流大小相等、方向相反的补偿电流,将该补偿电流注入电网,从而使得电网中的无功电流得以抵消,达到对电网无功功率补偿的目的。

STATCOM 由于具有实时、快速、准确的无功补偿功能,故得到了广泛的应用,此外 STATCOM 主电路采用的是电压型桥式电路,这与并网逆变器的结构相一致, 因此可以在现有并网逆变器主电路

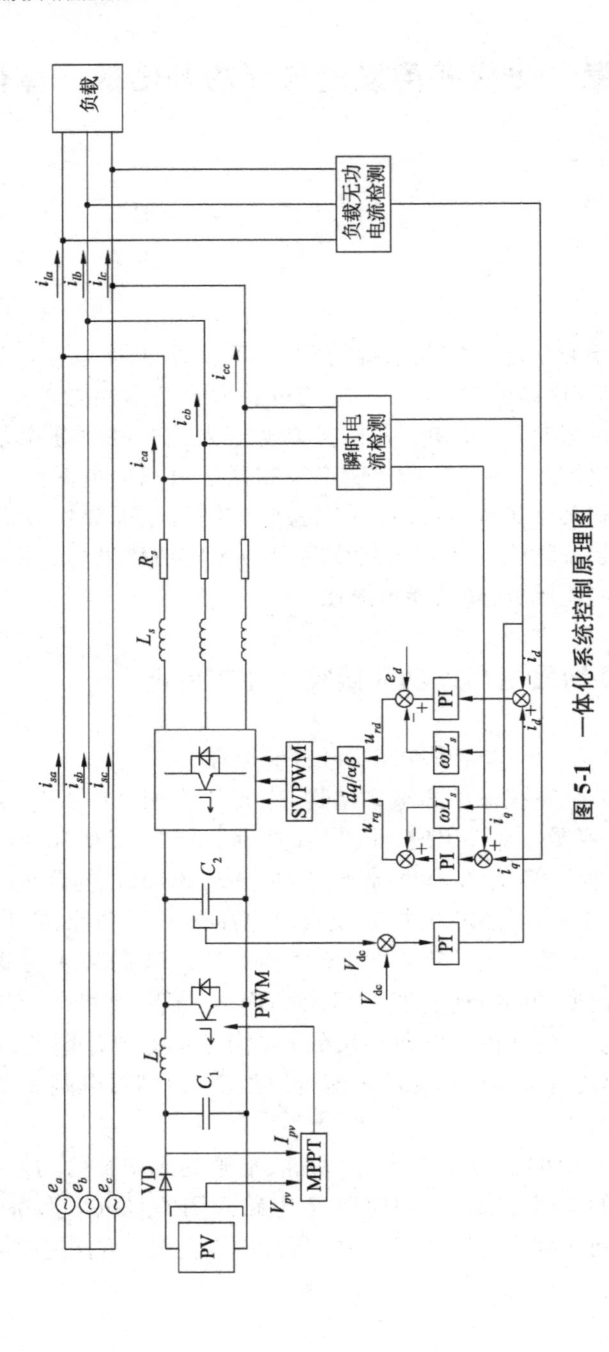

图 5-1　一体化系统控制原理图

的基础上对其控制电路进行改造，从而实现对并网逆变器并网发电与无功补偿功能的复用。国内外学者根据并网逆变器的这一特点，开展了相关研究，提出了基于正弦脉宽调制（Sinusoidal Pulse Width Modulation，SPWM）控制的光伏并网发电与无功补偿一体化控制策略，并研制了相关的样机，实现了并网发电和无功补偿的功能，取得了较好的控制效果。

采用 SPWM 方法在进行数字控制系统设计时，需要在比较匹配中断的比较寄存器里载入按正弦变化的数字量，计算烦琐。与 SPWM 法相比，空间矢量脉宽调制（Space Vector Pulse Width Modulation，SVPWM）法虽然切换次数增加，但具有以下优点：

（1）开关损耗小、跟踪速度快、精度高。

（2）在 SVPWM 法中，开关管导通和关断的逻辑组合是固定的，因此该方法计算简单，更适合数字化控制系统。

（3）SVPWM 与 SPWM 相比，直流电压利用率提高了 15%，从而降低了开关管的电压等级。

综合考虑 SVPWM 法的上述优点，将 SVPWM 法引入光伏并网、无功补偿一体化系统中，采用基于 SVPWM 控制的 dq 坐标系下的电压外环、电流内环双环控制结构，电压外环稳定双向 PWM 逆变器的直流侧电压并产生电流内环的参考信号，电流内环完成并网电流的跟踪控制功能。

系统控制原理如图 5-1 所示，系统需要检测的变量包括：直流侧电压 V_{dc}，电网电压 e_a、e_b、e_c，并网电流 i_{ca}、i_{cb}、i_{cc} 和负载电流 i_{la}、i_{lb}、i_{lc}。sin _ cos 信号为电压经过锁相环后得到的正弦和余弦信号。

具体工作原理如下：将直流侧电压 V_{dc} 和参考电压 V_{dc}^* 相比较，并将其差值作为电压调节器的输入，经过 PI 调节后即产生双向 PWM 逆变器输出有功电流分量的参考值 i_d^*；对负载电流 i_{la}、i_{lb}、i_{lc} 的无功电流分量进行实时、快速的电流检测，并将其转换到 dq 坐标系下，将其作为双向 PWM 逆变器补偿无功电流的参考值 i_{q}^*；对并网电流 i_{ca}、i_{cb}、i_{cc} 的有功电流和无功电流进行实时、快速的电流检测，并将其转换到 dq 坐标系下，即可得到并网电流的有功电流分量

i_d 和无功分量 i_q；再将 i_d^*、i_q^* 与 i_d,i_q 相比较，将其差值作为电流调节器的输入，经过非线性解耦和坐标变换后得到双向 PWM 逆变器在三相静止 abc 坐标系下的控制信号，经过 SVPWM 调制后，输出 PWM 控制信号，该控制信号经过放大后驱动开关管，形成三相逆变电压(V_{ao},V_{bo},V_{co})，这样 i_{ca}、i_{cb}、i_{cc}的有功分量和无功分量将分别跟踪有功电流的参考值 i_d^*，以及负载无功电流的参考值 i_q^*，从而实现对并网发电和无功补偿一体化控制。

5.1.2 基于高速、实时的电流检测技术

为了达到抵消电网中的无功功率的目的，首先必须对负载电流无功分量、并网电流有功分量和无功电流分量进行检测，检测的快速性及准确性直接影响到光伏并网发电系统输出电能的质量。

早在 1984 年，日本学者赤木泰文就围绕瞬时无功功率理论开展了相关研究并提出了该理论[111]，该理论突破了传统功率理论的瓶颈，成为当前无功分析的一种基本的理论工具。运用瞬时无功功率理论对无功电流进行检测，能够达到高速、实时的要求，在几毫秒内即可产生所需的无功电流。

采用基于瞬时无功功率理论的电流检测法分别对负载电流无功分量、并网电流有功分量和无功分量进行检测，如图 5-2 和图 5-3 所示。$C_{3s/2s}$为三相静止坐标系(a,b,c)到两相静止垂直坐标系(α,β)的变换；$C_{2s/2r}$为两相静止垂直坐标系(α,β)到两相同步旋转坐标系(α,q)的变换。

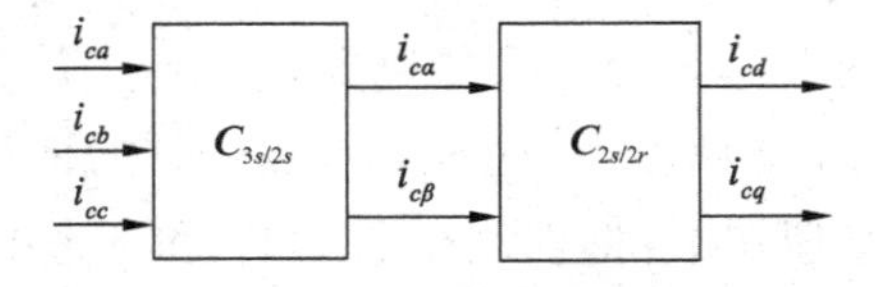

图 5-2 无功电流检测框图

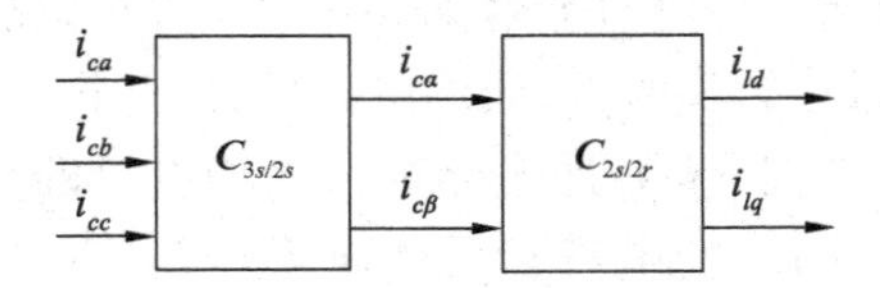

图 5-3 并网电流检测框图

负载电流 i_l 在 dq 坐标的模型为

$$\begin{bmatrix} i_{ld} \\ i_{lq} \end{bmatrix} = \boldsymbol{C}_{3s/2s}\boldsymbol{C}_{2s/2r}\begin{bmatrix} i_{la} \\ i_{lb} \\ i_{lc} \end{bmatrix} \tag{5-1}$$

式中，i_{ld}为 i_l 的 d 轴分量；i_{lq}为 i_l 的 q 轴分量。令 $i_{ld}=0$，$i_{lq}=i_q^*$，且

$$\boldsymbol{C}_{3s/2s}=\frac{2}{3}\begin{bmatrix} 1 & -\frac{1}{2} & -\frac{1}{2} \\ 0 & \frac{\sqrt{3}}{2} & -\frac{\sqrt{3}}{2} \\ \frac{1}{2} & \frac{1}{2} & \frac{1}{2} \end{bmatrix},\boldsymbol{C}_{2s/2r}=\begin{bmatrix} \cos\theta & \sin\theta \\ -\sin\theta & \cos\theta \end{bmatrix}$$

同理可得，并网电流 i_c 在 dq 坐标的模型为

$$\begin{bmatrix} i_{cd} \\ i_{cq} \end{bmatrix} = \boldsymbol{C}_{3s/2s}\boldsymbol{C}_{2s/2r}\begin{bmatrix} i_{ca} \\ i_{cb} \\ i_{cc} \end{bmatrix} \tag{5-2}$$

式中，i_{cd}为 i_c 的 d 轴分量；i_{cq}为 i_c 的 q 轴分量。令 $i_{cd}=i_d$，$i_{cq}=i_q$。

5.1.3　基于直接电流控制的并网电流跟踪控制

5.1.3.1　电流内环的解耦控制

双向 PWM 逆变器在 dq 坐标系中的模型可描述为

$$\begin{bmatrix} e_d \\ e_q \end{bmatrix} = \begin{bmatrix} L_s p + R_s & -\omega L_s \\ \omega L_s & L_s p + R_s \end{bmatrix}\begin{bmatrix} i_d \\ i_q \end{bmatrix} + \begin{bmatrix} u_{rd} \\ u_{rq} \end{bmatrix} \tag{5-3}$$

$$\frac{3}{2}(u_{rd}i_d + u_{rq}i_q) = V_{dc}i_{dc} \tag{5-4}$$

式中，e_d、e_q 为电网电动势矢量 $\boldsymbol{e}$ 的 d、q 分量；u_{rd}、u_{rq}为系统交流侧电压矢量 $\boldsymbol{u}_c$ 的 d、q 分量；p 为微分算子。

设在 dq 坐标系下 d 轴与电网电动势 e 同轴，则 $\boldsymbol{e}$ 的 q 轴分量 e_q 为零。

式(5-3)表明，d 轴和 q 轴变量之间存在耦合现象，所以不能对它们单独控制。在控制系统设计时，工程上希望实现一个变量的独立控制，所以必须对多变量系统进行解耦控制。光伏并网发电

系统采用前馈解耦控制，引入 i_d、i_q 前馈变量，对 e_d、e_q 进行补偿，且设计 PI 闭环调节器作为电流环控制器，则得

$$u_{rq} = -\left(K_{iP} + \frac{K_{iI}}{s}\right)(i_q^* - i_q) - \omega L_s i_d + e_q \tag{5-5}$$

$$u_{rd} = -\left(K_{iP} + \frac{K_{iI}}{s}\right)(i_d^* - i_d) + \omega L_s i_q + e_d \tag{5-6}$$

式中，K_{ip} 为电流内环比例增益；K_{iI} 为电流内环积分增益。

将式(5-5)、式(5-6)代入式(5-3)，可得

$$p\begin{bmatrix} i_d \\ i_q \end{bmatrix} = \begin{bmatrix} -\left[R_s - \left(K_{iP} + \frac{K_{iI}}{s}\right)\right]/L_s & 0 \\ 0 & -\left[R_s - \left(K_{iP} + \frac{K_{iI}}{s}\right)\right]/L_s \end{bmatrix}$$

$$\begin{bmatrix} i_d \\ i_q \end{bmatrix} - \frac{1}{L}\left(K_{iP} + \frac{K_{iI}}{s}\right)\begin{bmatrix} i_d^* \\ i_q^* \end{bmatrix} \tag{5-7}$$

从式(5-7)可知，系统的电流内环 i_d、i_q 已实现了解耦，其解耦结构如图 5-4 所示。

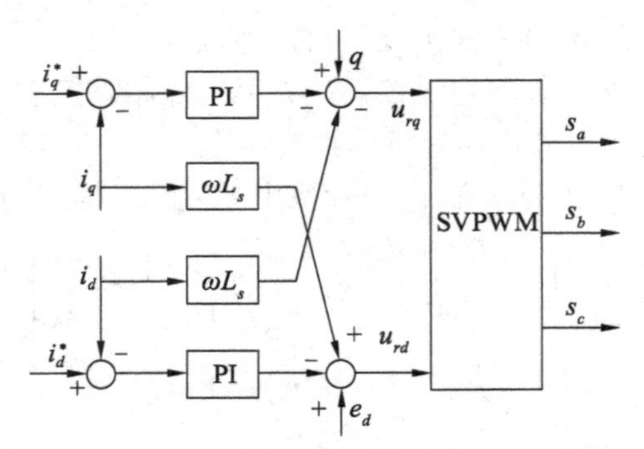

图 5-4　i_d、i_q 解耦结构

5.1.3.2　电网电流的组成

电网电流的计算公式为

$$\begin{cases} i_{sa} = i_{la} - i_{ca} \\ i_{sb} = i_{lb} - i_{cb} \\ i_{sc} = i_{lc} - i_{cc} \end{cases} \tag{5-8}$$

并网电流 i_{ca}、i_{cb}、i_{cc}从 abc 坐标系转换到 dq 坐标系后，其 d 轴分量将跟踪电压调节器的输出信号 i_d^*；q 轴分量将跟踪负载电流 i_l 的无功电流分量 i_q^*，由于电网电流为负载电流和并网电流的差值，并网电流 i_c 刚好将负载电流 i_l 中的无功电流分量抵消掉，实现了对无功功率的补偿。

5.2　双向 PWM 逆变器的空间矢量算法

SVPWM 控制策略通过逆变器不同开关模式的切换，获得准圆形旋转磁场，产生 PWM 波[112]。其核心是确定 6 个开关管的接通状态及接通时间，在同一时间内，3 个开关管接通，另外 3 个开关管断开；除此之外，还必须满足同一桥臂上、下两个开关管一个接通且另一个断开。SVPWM 算法的实质是根据双向 PWM 逆变器交流侧的电压向量 $\boldsymbol{u}_r^*$ 来决定 6 个开关管的接通与关断。

5.2.1　双向 PWM 逆变器空间矢量分布与合成

5.2.1.1　双向 PWM 逆变器空间矢量分布

SVPWM 将双向 PWM 逆变器的输电压在复平面上进行合成，将其变换为空间电压矢量，通过 6 个开关管的接通与关断形成 8 个空间矢量，再用这些空间矢量去逼近电压圆，产生 PWM 波。

双向 PWM 逆变器空间矢量描述了其交流侧相电压（V_{ao}，V_{bo}，V_{co}）在复平面上的空间分布，其二值逻辑开关函数表示为

$$\begin{cases} V_{ao} = \left[S_a - \dfrac{1}{3}(S_a + S_b + S_c) \right] V_{\mathrm{dc}} \\ V_{bo} = \left[s_b - \dfrac{1}{3}(S_a + S_b + S_c) \right] V_{\mathrm{dc}} \\ V_{bo} = \left[s_b - \dfrac{1}{3}(S_a + S_b + S_c) \right] V_{\mathrm{dc}} \end{cases} \tag{5-9}$$

将 $2^3=8$ 种开关组合代入式（5-9）中，双向 PWM 逆变器交流侧电压得解，见表 5-1。

表 5-1 不同开关组合时的电压值

S_a	S_b	S_c	V_{ao}	V_{bo}	V_{co}	V_k
0	0	0	0	0	0	V_0
0	0	1	$-1/3V_{dc}$	$-1/3V_{dc}$	$2/3V_{dc}$	V_5
0	1	0	$-1/3V_{dc}$	$2/3V_{dc}$	$-1/3V_{dc}$	V_3
0	1	1	$-2/3V_{dc}$	$1/3V_{dc}$	$1/3V_{dc}$	V_4
1	0	0	$2/3V_{dc}$	$-1/3V_{dc}$	$-1/3V_{dc}$	V_1
1	0	1	$1/3V_{dc}$	$-2/3V_{dc}$	$1/3V_{dc}$	V_6
1	1	0	$1/3V_{dc}$	$1/3V_{dc}$	$-2/3V_{dc}$	V_2
1	1	1	0	0	0	V_7

分析表 5-1 可知,双向 PWM 逆变器在上述 8 种状态的交流侧电压的空间电压矢量可以在复平面上表示,其幅值为 $2V_{dc}/3$,如图 5-5 所示,$V_0(000)$、$V_7(111)$为零矢量。

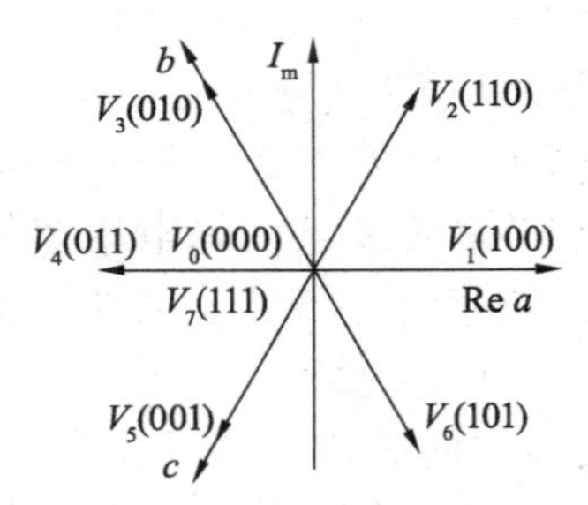

图 5-5 双向 PWM 逆变器空间电压矢量分布

复平面中,双向 PWM 逆变器空间电压矢量 V_k 可定义为

$$\begin{cases} V_k = \frac{2}{3}V_{dc}e^{j(k-1)\pi/3} \\ V_{0,7}=0 \end{cases} (k=1,\cdots,6) \tag{5-10}$$

式(5-10)可表达成开关函数形式为

$$V_i = \frac{2}{3}V_{dc}(s_a + s_b e^{j2\pi/3} + s_c e^{-j2\pi/3})(i=0,\cdots,7) \tag{5-11}$$

对于三相平衡系统,有

$$V_{ao} + V_{bo} + V_{co} = 0 \tag{5-12}$$

因此,电压矢量的大小可表示为

$$V=\frac{2}{3}(V_{ao}+V_{bo}e^{j2\pi/3}+V_{co}e^{-j2\pi/3}) \tag{5-13}$$

5.2.1.2 双向PWM逆变器空间矢量合成

某一空间电压矢量 V^*,可由 V_0-V_7 合成得到,如图5-6所示。

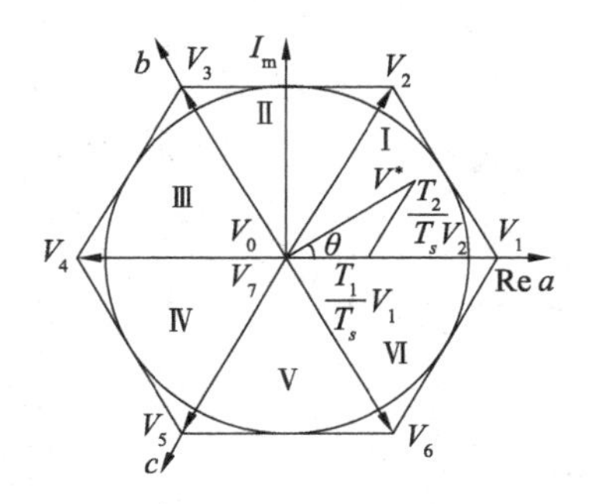

图5-6 空间电压矢量分区及合成图

图5-6中,$V_1\sim V_6$ 将复平面等分成6个区域Ⅰ~Ⅵ。若 V^* 在扇区Ⅰ,则 V^* 可由与扇区Ⅰ相关的两个空间矢量 V_1、V_2 及 $V_{0,7}$ 合成。在一个开关周期中,若 V_0 的时间 $T_0=kT_{0,7}$,则 V_7 的时间 $T_7=(1-k)T_{0,7}$,其中 $0\leqslant k\leqslant 1$。

以减小开关损耗为原则来选择 V_0 和 V_7。电压空间矢量 V^* 的合成有许多方法,其中对称插法方法简单,开关损耗低,其步骤如下:

假设 V^* 在扇区Ⅰ中,矢量 V_0 位于 V^* 的起点和终点,矢量 V_7 位于 V^* 的中点处,且 $T_0=T_7$。从 V^* 的中点做 V_2 的平行线,然后再将 V^* 分别用 V_1 和 V_2 来合成,则三相桥臂导通时间分配如图5-7所示。

开关函数的波形图如图5-8所示,其中,在一个PWM周期,空间矢量的转换顺序为000→100→110→111→110→100→000。按照这种方法,各扇区开关管接通时间分配规律如图5-9所示,空间矢量变换顺序见表5-2。

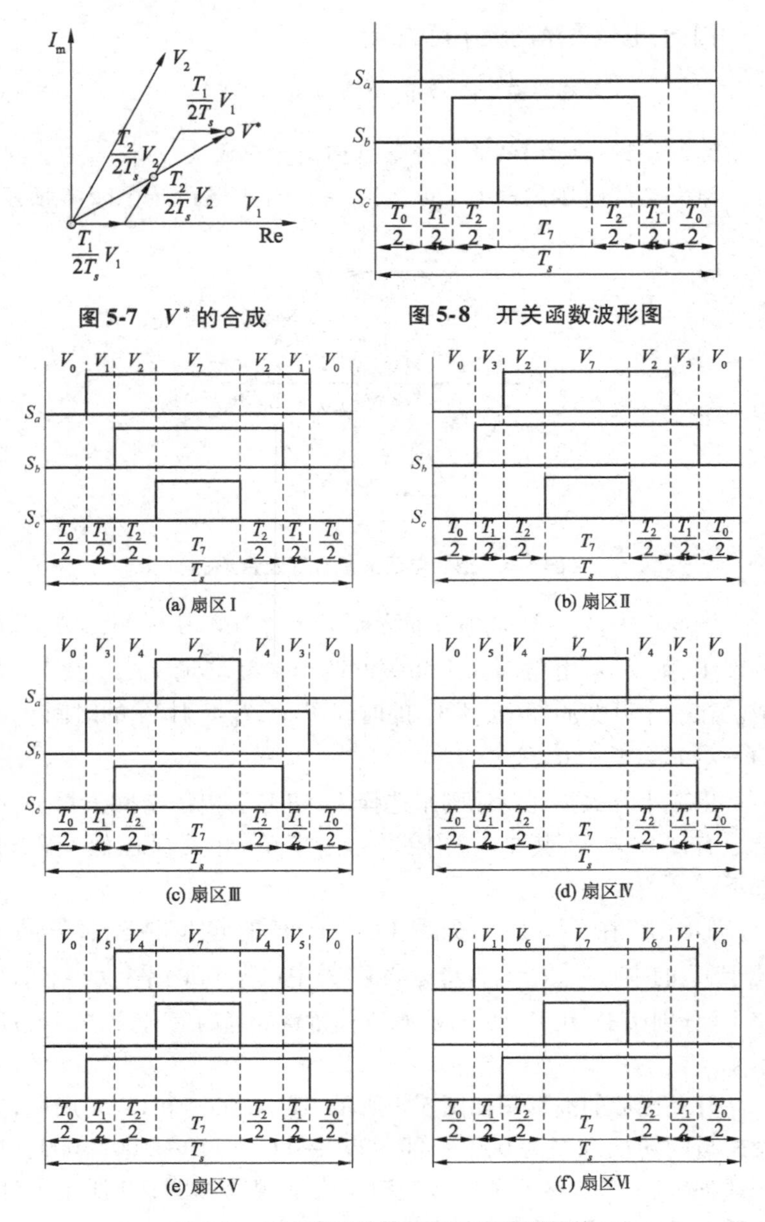

图 5-7　V^*的合成

图 5-8　开关函数波形图

(a) 扇区Ⅰ

(b) 扇区Ⅱ

(c) 扇区Ⅲ

(d) 扇区Ⅳ

(e) 扇区Ⅴ

(f) 扇区Ⅵ

图 5-9　各扇区开关管接通时间分配规律

表 5-2　空间矢量变换顺序表

扇区	空间矢量变换						
Ⅰ	000	100	110	111	110	100	000
Ⅱ	000	110	010	111	010	110	000
Ⅲ	000	010	011	111	011	010	000
Ⅳ	000	011	001	111	001	011	000
Ⅴ	000	001	101	111	101	001	000
Ⅵ	000	101	100	111	100	101	000

5.2.2　SVPWM 波的产生

5.2.2.1　空间电压矢量 u_r^* 扇区的计算

将双向 PWM 逆变器的参考输入电压 V_{ao}^*、V_{bo}^*、V_{co}^* 变换到两相静止垂直 $\alpha\beta$ 坐标系下，则有

$$u_r^* = \begin{bmatrix} u_{r\alpha}^* \\ u_{r\beta}^* \end{bmatrix} = \frac{2}{3}\begin{bmatrix} 1 & -\frac{1}{2} & -\frac{1}{2} \\ 0 & \frac{\sqrt{3}}{2} & -\frac{\sqrt{3}}{2} \end{bmatrix}\begin{bmatrix} V_{ao}^* \\ V_{bo}^* \\ V_{co}^* \end{bmatrix} \tag{5-14}$$

又因为

$$u_r^* T_s = u_{r\alpha}^* T_s + \mathrm{j} u_{r\beta}^* T_s \tag{5-15}$$

式中，T_s 为载波周期。

u_r^* 所处的扇区可由 $u_{r\alpha}^*$ 和 $u_{r\beta}^*$ 表示，如图 5-10 所示。

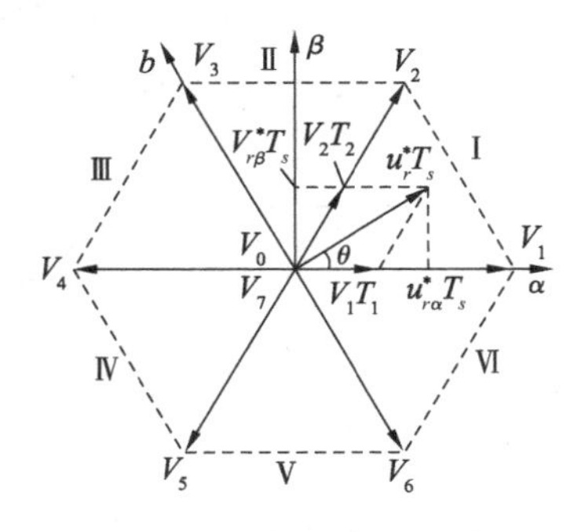

图 5-10　空间电压矢量

① 若 u_r^* 在扇区Ⅰ：$0° < \arctan\left(\dfrac{u_{r\beta}^*}{u_{r\alpha}^*}\right) < 60°$内，则 $u_{r\beta}^* > 0$，且 $\sqrt{3}u_{r\alpha}^* - u_{r\beta}^* > 0$；

② 若 u_r^* 在扇区Ⅱ：$60° < \arctan\left(\dfrac{u_{r\alpha}^*}{u_{r\beta}^*}\right) < 120°$内，则 $u_{r\beta}^* > 0$，且 $\sqrt{3}u_{r\alpha}^* - u_{r\beta}^* < 0$；

③ 若 u_r^* 在扇区Ⅲ：$120° < \arctan\left(\dfrac{u_{r\alpha}^*}{u_{r\beta}^*}\right) < 180°$内，则 $u_{r\beta}^* > 0$，且 $\sqrt{3}u_{r\alpha}^* - u_{r\beta}^* > 0$；

④ 若 u_r^* 在扇区Ⅳ：$180° < \arctan\left(\dfrac{u_{r\alpha}^*}{u_{r\beta}^*}\right) < 240°$内，则 $u_{r\beta}^* < 0$，且 $\sqrt{3}u_{r\alpha}^* - u_{r\beta}^* < 0$；

⑤ 若 u_r^* 在扇区Ⅴ：$240° < \arctan\left(\dfrac{u_{r\alpha}^*}{u_{r\beta}^*}\right) < 300°$内，则 $u_{r\beta}^* < 0$，且 $\sqrt{3}u_{r\alpha}^* - u_{r\beta}^* > 0$；

⑥ 若 u_r^* 在扇区Ⅵ：$300° < \arctan\left(\dfrac{u_{r\alpha}^*}{u_{r\beta}^*}\right) < 360°$内，则 $u_{r\beta}^* < 0$，且 $\sqrt{3}u_{r\alpha}^* - u_{r\beta}^* < 0$。

令 $A = u_{r\beta}^*$，$B = \sqrt{3}u_{r\alpha}^* - u_{r\beta}^*$，$C = -\sqrt{3}u_{r\alpha}^* - u_{r\beta}^*$，则有

$$N = \text{sign}(A) + 2\text{sign}(B) + 4\text{sign}(C) \tag{5-16}$$

根据上述分析可得扇区号 n 与 N 的对应关系，见表 5-3。

表 5-3　u_r^* 扇区划分表

N	3	1	5	4	6	2
n	Ⅰ	Ⅱ	Ⅲ	Ⅳ	Ⅴ	Ⅵ

5.2.2.2　开关管导通时间的计算

根据图 5-10 可得

$$\begin{cases} u_{r\alpha}^* T_s = V_1 T_1 + V_2 T_2 \cos\theta \\ u_{r\beta}^* T_s = V_2 T_2 \sin\theta \end{cases} \tag{5-17}$$

式中，θ 为 u_r^* 与 α 轴之间的夹角，$\theta=\omega t$。

根据表 5-1，可得

$$V_i=\frac{2}{3}V_{\mathrm{dc}} \tag{5-18}$$

根据式(5-17)至式(5-18)可知，在扇区Ⅰ内，V_1 的工作时间 T_1 和 V_2 的工作时间 T_2 分别为

$$\begin{cases} T_1=\dfrac{3T_s}{2V_{\mathrm{dc}}}\left(u_{r\alpha}^*-\dfrac{u_{r\beta}^*}{\sqrt{3}}\right) \\ T_2=\dfrac{u_{r\beta}^*\ T_s}{V_{\mathrm{dc}}} \end{cases} \tag{5-19}$$

V_0 和 V_7 的工作时间 T_0 为

$$T_0=T_s-T_1-T_2 \tag{5-20}$$

根据以上计算，电压矢量 u_r^* 在扇区Ⅰ～Ⅵ内，V_i 的工作时间 T_i 见表 5-4。

表 5-4　扇区Ⅰ～扇区Ⅵ空间矢量的工作时间

扇区	V_i 的工作时间	扇区	V_i 的工作时间
Ⅰ	$T_1=\dfrac{3T_s}{2V_{\mathrm{dc}}}\left(u_{r\alpha}^*-\dfrac{u_{r\beta}^*}{\sqrt{3}}\right)$ $T_2=\dfrac{\sqrt{3}T_s}{V_{\mathrm{dc}}}u_{r\beta}^*$ $T_0=T_s-T_1-T_2$	Ⅲ	$T_3=\dfrac{\sqrt{3}T_s}{V_{\mathrm{dc}}}u_{r\beta}^*$ $T_4=\dfrac{3T_s}{2V_{\mathrm{dc}}}\left(u_{r\alpha}^*+\dfrac{u_{r\beta}^*}{\sqrt{3}}\right)$ $T_0=T_s-T_3-T_4$
Ⅱ	$T_2=\dfrac{3T_s}{2V_{\mathrm{dc}}}\left(u_{r\alpha}^*+\dfrac{u_{r\beta}^*}{\sqrt{3}}\right)$ $T_3=\dfrac{3T_s}{2V_{\mathrm{dc}}}\left(\dfrac{u_{r\beta}^*}{\sqrt{3}}-u_{r\alpha}^*\right)$ $T_0=T_s-T_2-T_3$	Ⅳ	$T_4=\dfrac{3T_s}{2V_{\mathrm{dc}}}\left(\dfrac{u_{r\beta}^*}{\sqrt{3}}-u_{r\alpha}^*\right)$ $T_5=\dfrac{\sqrt{3}T_s}{V_{\mathrm{dc}}}u_{r\beta}^*$ $T_0=T_s-T_4-T_5$

续表

扇区	V_i 的工作时间	扇区	V_i 的工作时间
Ⅴ	$T_5=\frac{3T_s}{2V_{dc}}\left(u_{r\alpha}^*+\frac{u_{r\beta}^*}{\sqrt{3}}\right)$ $T_6=-\frac{3T_s}{2V_{dc}}\left(\frac{u_{r\beta}^*}{\sqrt{3}}-u_{r\alpha}^*\right)$ $T_0=T_s-T_5-T_6$	Ⅵ	$T_6=\frac{\sqrt{3}T_s}{V_{dc}}u_{r\beta}^*$ $T_1=\frac{3T_s}{2V_{dc}}\left(u_{r\alpha}^*+\frac{u_{r\beta}^*}{\sqrt{3}}\right)$ $T_0=T_s-T_6-T_1$

若在某扇区的 T_i 和 T_{i+1} 之和大于 T_s，即出现过饱和现象，则就需对 T_i 和 T_{i+1} 进行归一化处理

$$\begin{cases} T_i^* = \dfrac{T_i T_s}{T_i + T_s} \\ T_{i+1}^* = \dfrac{T_{i+1} T_s}{T_{i+1} + T_s} \end{cases} \tag{5-21}$$

5.2.2.3　SVPWM 波的产生

三角波和各扇区空间矢量变换次序确定 SVPWM 波。设三角波的周期为 T_s，幅值为 $T_s/2$，三角载波信号为 u_s，扇区Ⅰ～Ⅵ开关管接通时间为 u_{Ta}、u_{Tb}、u_{Tc}，见表 5-5。把 u_s 通过比较器与 u_{Ta}、u_{Tb} 及 u_{Tc} 的值比较得到 SVPWM 波，即开关管驱动信号 u_{Ta}、u_{Tb}、u_{Tc}。图 5-11 为扇区Ⅰ的 SVPWM 波型。

表 5-5　扇区Ⅰ～扇区Ⅵ开关管接通时间

扇区	u_{Ta}	u_{Tb}	u_{Tc}
Ⅰ	$0.25T_0+0.5T_1+0.5T_2$	$0.25T_0+0.5T_2$	$0.25T_0$
Ⅱ	$0.25T_0+0.5T_3$	$0.25T_0+0.5T_2+0.5T_3$	$0.25T_0$
Ⅲ	$0.25T_0$	$0.25T_0+0.5T_3+0.5T_4$	$0.25T_0+0.5T_4$
Ⅳ	$0.25T_0$	$0.25T_0+0.5T_5$	$0.25T_0+0.5T_4+0.5T_5$
Ⅴ	$0.25T_0+0.5T_6$	$0.25T_0$	$0.25T_0+0.5T_5+0.5T_6$
Ⅵ	$0.25T_0+0.5T_6+0.5T_1$	$0.25T_0$	$0.25T_0+0.5T_1$

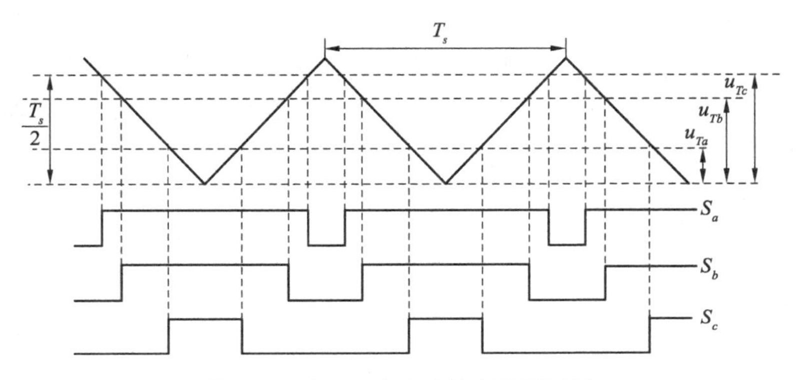

图 5-11　扇区 I 内产生的 SVPWM 波

5.3　光伏发电、无功补偿一体化控制仿真研究

在 MATLAB 仿真平台下建立仿真模型,参数如下:电网电压值为 220 V,频率为 50 Hz;光伏组件功率为 185 W,共 54 块,9 块串联,6 块并联,光伏系统总功率为 10 kW。

5.3.1　光伏系统向电网馈电模式仿真

设定负载参数如下:阻性负载为 2 kW,感性负载为 2 kVar。当设定 $i_q^*=0$ 时,并网电流 i_c 没有对负载电流 i_l 中的无功电流分量进行补偿,电网 a 相电压和电流的波形如图 5-12 所示。

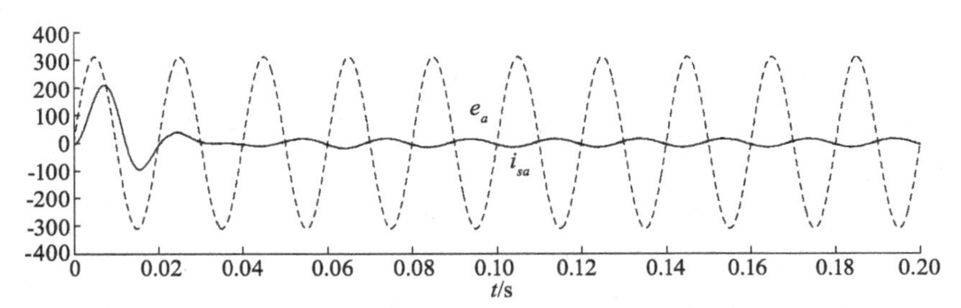

图 5-12　$i_q^*=0$ 时,电网电压与电流的波形(光伏系统向电网馈电)

从图 5-12 可知,当系统稳定时,电网 a 相电压方向与电流方向相反,但并没有完全反相,表明系统中的无功功率没有得到补偿,

系统处于并网发电状态。

当设定 $i_q^* = i_{lq}$ 时，并网电流 i_c 对负载电流 i_l 中的无功电流进行补偿，i_q^* 波形如图 5-13 所示，电网 a 相电压和电流的波形如图 5-14 所示。

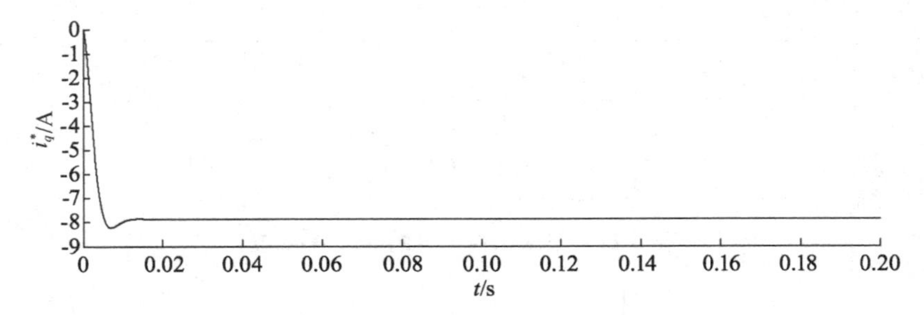

图 5-13　$i_q^* = i_{lq}$ 时，i_q^* 的波形（光伏系统向电网馈电）

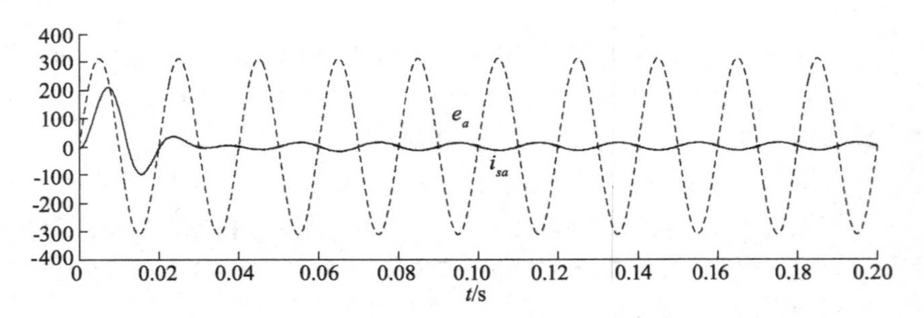

图 5-14　a 相电网电压和电流的波形（光伏系统向电网馈电）

从图 5-14 可知，经过一段时间的调整，a 相电网电压和电流完全反相，系统中的无功功率得到补偿，系统处于并网发电和无功补偿状态。

通过以上分析可知，无论双向 PWM 逆变器是否向电网补偿无功功率，电网电压和电流的方向都相反，此时整个系统处于光伏发电系统向电网馈电的模式。进一步分析可知，该模式是由负载及光伏发电系统的功率大小所决定的，由于光伏阵列的输出功率大于负载所需电能，所以，光伏单元将多余的能量通过双向 PWM 逆变器回馈给电网。

5.3.2　电网向负载供电模式仿真

当改变负载参数，将阻性负载设为 15 kW，感性负载设为 6 kvar，其他参数不变，由于此时光伏阵列的输出功率小于负载所需电能，根据能量守恒定律，电网应向负载供电，此时电网电压与电流方向应该相同，整个系统处于电网向负载供电的模式。在该模式下，设定 $i_q^* = 0$，并网电流 i_c 未能对负载电流 i_l 中的无功电流进行补偿，电网 a 相电压和电流的波形如图 5-15 所示。

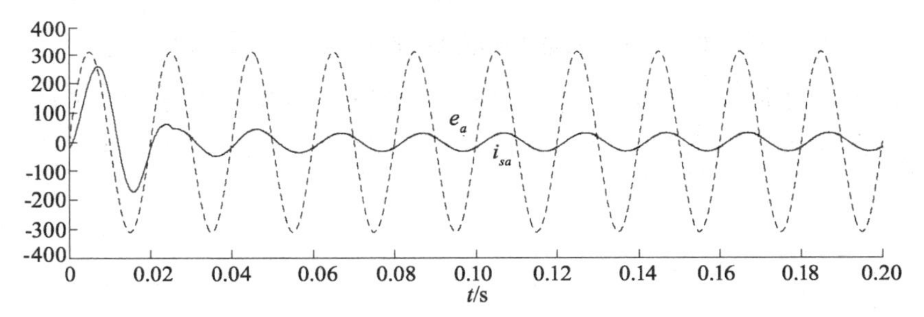

图 5-15　$i_q^* = 0$ 时，电网电压与电流的波形（电网向负载供电）

从图 5-15 可知，电网 a 相电压超前电流波形，两者之间有一定的相位差，系统中的无功功率没有得到补偿，系统处于并网发电状态。

当设定 $i_q^* = i_{lq}$ 时，并网电流 i_c 对负载电流 i_l 中的无功电流进行补偿，i_q^* 波形如图 5-16 所示，电网 a 相电压和电流波形如图 5-17 所示。

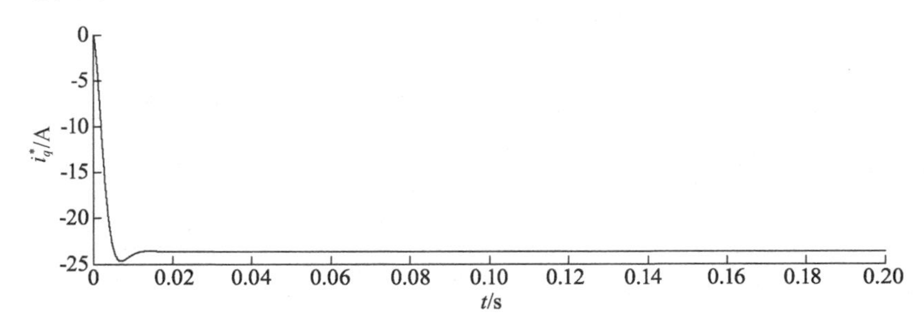

图 5-16　$i_q^* = i_{lq}$ 时，i_q^* 的波形（电网向负载供电）

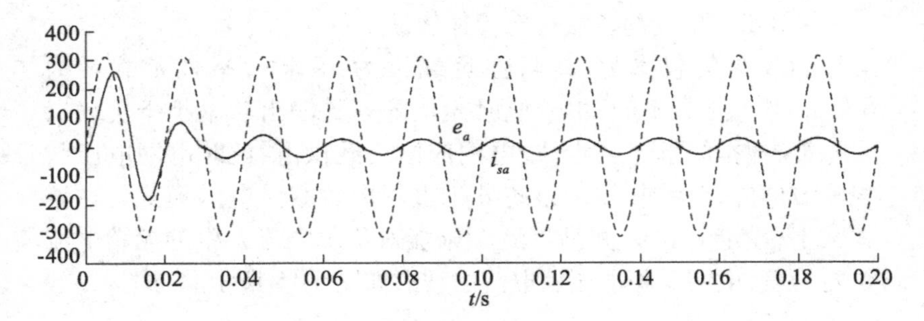

图 5-17　*a* 相电网电压和电流的波形(电网向负载供电)

从图 5-17 可知,经过一段时间的调整,a 相电网电压和电流同相,系统中的无功功率得到补偿,系统处于并网发电和无功补偿状态。

5.4　本章小结

本章在双向 PWM 逆变器主电路的基础上,通过基于瞬时无功功率理论的无功电流检测法从负载电流中分离出无功电流分量,并使双向 PWM 逆变器跟踪负载无功电流分量,实现补偿系统无功功率的目的。重点研究了无功电流的检测及 SVPWM 波的产生过程,最后在 MATLAB 仿真环境下进行了仿真;通过仿真,验证了双向 PWM 逆变器能够实现能量的双向流动,并能实现并网发电与无功补偿的一体化控制,从而扩展了并网逆变器的功能,提高了光伏供电质量,具有广阔的应用前景。

第 6 章　功率补偿控制实验研究

光伏并网发电系统的实验研究易受外界环境的影响，对时间、场所有一定的要求。在阴雨天气和夜晚，光伏阵列不输出功率，因此光伏并网发电系统停止工作；在白天，光伏并网发电系统的实验必须在室外进行，从而导致实验过程的检测与控制设备外接电源困难。同时太阳光辐射度的随机性和间歇性特点，导致实验条件随机变化，影响实验的结果。

针对光伏并网发电系统实验研究的诸多不便，同时为验证本书所提出的控制算法，构建以程控直流电源供应器 6250H、程控交流电源供应器 6590、功率变换主电路、蓄电池等组成的模拟实验平台，开展光伏发电功率补偿控制研究，同时针对实验的数据进行分析。

6.1　实验系统总体方案

6.1.1　实验系统实现方式

针对实际光伏并网发电系统难以开展实验研究的缺点，综合考虑功率补偿控制的要求及实验室现有设备条件，设计了一种光伏并网发电模拟实验平台，如图 6-1 所示。

光伏发电模拟实验平台包括主电路、接口与数字控制系统和数据检测采集系统 3 部分。主电路由程控直流电源供应器 6250H、程控交流电源供应器 6590、三相并网逆变器、大功率储能系统构成；数字控制系统由 DSP 与 CPLD 构成；数据检测采集系统由功率分析仪 WT500、示波器、电池综合参数自动测试仪构成。

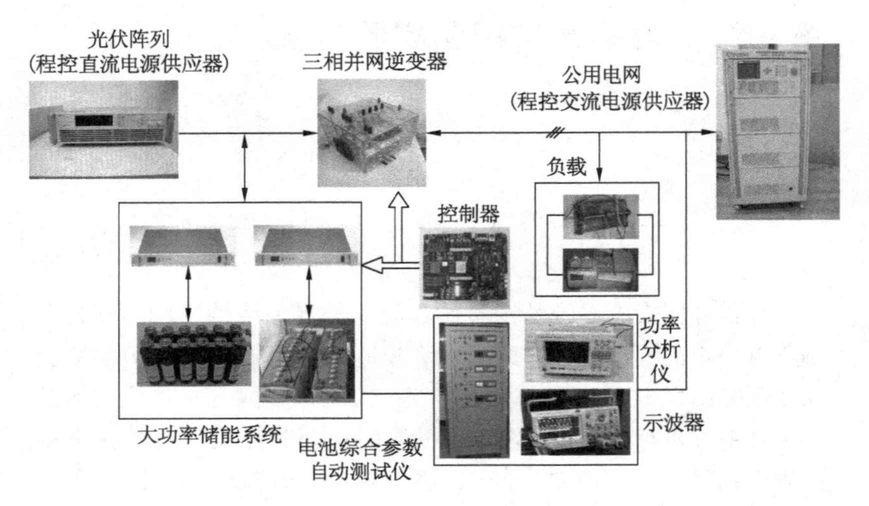

图 6-1　实验平台结构

6.1.2　实验系统功能分析

模拟实验平台采用程控直流电源供应器 6250H－600S 模拟光伏阵列的输出特性,6250H－600S 可以方便地设定太阳光辐射度、温度及光伏阵列的相关参数,实现光伏阵列在不同外界环境下的输出特性模拟。6250H－600S 的电气参数为:输出电压 0～600 V,输出电流 0～17 A,最大输出功率 10 kW。

采用程控交流电源供应器 6590 模拟各种不同的交流电源与谐波波形,可产生精确、稳定的电压与频率输出,同时可以输出单相或者三相交流电。6590 的电气参数为:额定输出功率 9 kW,输入电压范围 190～250 V,输入频率范围 47～63 Hz。

三相并网逆变器主电路采用电压型桥式电路,功率器件采用 IGBT,充分发挥其易于驱动,导通压降小的优点。

采用电阻、感性负载、变频电机等作为负载,可以模拟各种负载变化的情况及冲击性负载对光伏并网发电系统的影响。

大功率储能系统采用超级电容与蓄电池的复合储能系统,它们分别通过 DC/DC 变换器与直流母线相连,构成全主动式储能系统。

6.1.3　主要实验研究

围绕光伏并网发电系统的功率补偿控制，模拟实验平台要进行以下实验：

（1）MPPT 跟踪控制实验。首先，在程控直流电源供应器 6250H－600S 中模拟太阳光辐射度发生突变时光伏阵列的输出特性，并对 MPPT 过程进行模拟；其次，用功率分析仪 WT500 捕捉光伏并网发电系统进行 MPPT 过程中输出功率发生波动时直流侧的电压与电流波形；最后，对实验结果进行分析。

（2）有功补偿实验。由于混合储能实验平台尚未搭建完成，采用蓄电池分段放电的方式来模拟蓄电池单独放电、超级电容－蓄电池混合储能系统放电模式，通过电池综合参数自动测试仪记录的实验数据来验证混合储能系统的特性。在蓄电池单独放电模式，所有的放电工作都由蓄电池完成；在混合储能系统放电模式，假设瞬时大功率输出的工作由超级电容承担，因此，蓄电池仅承担其余部分的功率输出。

（3）并网发电实验。用程控直流电源供应器 6250H－600S 模拟光伏阵列，用程控交流电源供应器 6590 模拟电网，通过对程控交流电源供应器 6590 和程控直流电源供应器 6250H－600S 的设置，模拟电网电压发生波动及光伏系统输出功率变化时对系统性能的影响。

（4）无功补偿实验。用功率分析仪 WT500 记录无功补偿前后电网电压及电流的波形。

6.2　并网逆变器的参数设计

6.2.1　IGBT 的选择

并网逆变器主电路功率器件采用 IGBT，IGBT 根据耐压和最大电流来选择。

根据程控直流电源供应器 6250H－600S 的性能指标，光伏并网发电系统的直流侧最高电压为 600 V，为了保证 IGBT 工作的可靠性,IGBT 的耐压水平为 600 × 2 = 1 200 V。

由于程控直流电源供应器 6250H - 600S 的最大输出功率为 10 kW,所以经过三相并网逆变器的最大有功功率为 10 kW,考虑 1.1 倍的过载能力,流过 IGBT 的最大有功分量电流 I_{max} 为

$$I_{max}=\frac{P_{max}\times 1.1}{U\times\sqrt{3}}=\frac{11\ 000}{220\times\sqrt{3}}=28.9\ (A) \tag{6-1}$$

IGBT 的有功峰值电流 I_m 为

$$I_m=\sqrt{2}\times I_{max}=\sqrt{2}\times 28.9=40.8\ (A) \tag{6-2}$$

综合考虑安全系数、IGBT 的规格和无功补偿功能,实际选择的 IGBT 的参数为:耐压 1 200 V,最大电流 200 A。

6.2.2 直流侧电容的选择

综合考虑电压环控制的快速响应和抗干扰性,由此决定直流侧电容的上限和下限,如下式所示:

$$C\leqslant\frac{t_r}{0.74R_{dc}} \tag{6-3}$$

$$C\geqslant\frac{V_{dc}}{2\Delta V_{m,dc}\times R_{dc}} \tag{6-4}$$

式中,t_r 为直流侧电压 V_{dc} 从初始值上升到额定值的时间;R_{dc} 为直流侧负载;$\Delta V_{m,dc}$ 为直流电压的最大动态降落。

工程上,可按下式来计算直流侧电容的限值

$$C=\frac{P_{max}}{2\omega V_{dc}\Delta V_{dc}} \tag{6-5}$$

式中,ω 为电网角频率;ΔV_{dc} 为直流侧允许纹波电压。

取 $V_{dc}=400$ V,$\Delta V_{dc}=V_{dc}\times 5\%$,求得 $C=1\ 990\ \mu F$。最终选取的电容值为 3 400 μF,耐压为 400 V。

6.2.3 滤波电感的选择

综合考虑电流的跟踪性能和谐波电流的抑制,由此决定滤波电感的上限和下限,如下式所示:

$$L\leqslant\frac{\sqrt{V_{dc}^2-U^2}}{\omega I_m} \tag{6-6}$$

$$L \geqslant \frac{V_{dc}}{4\sqrt{3}\Delta I_m f} \tag{6-7}$$

式中,ΔI_m 为交流允许纹波电流。

根据上述公式,滤波电感选择 1 mH 的空心电感。

6.3　接口与数字控制系统设计

为减少控制电路的复杂程度,构建快速、稳定的控制系统,结合 CPLD 运算速度快与 DSP 设计灵活的特点,数字控制系统采用 DSP 与 CPLD 的复合方案,如图 6-2 所示,DSP 子系统硬件配置见表 6-1。

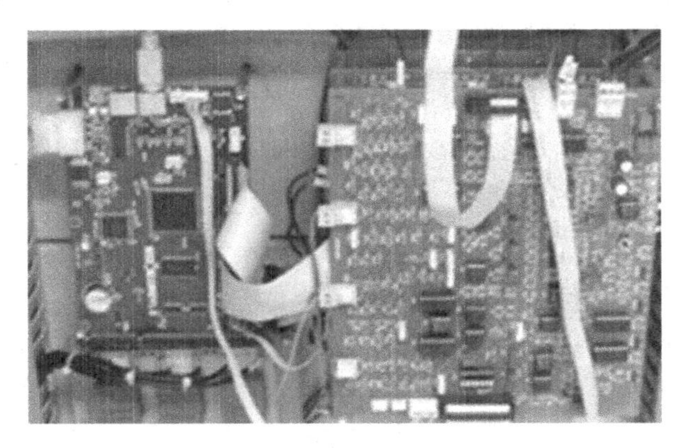

图 6-2　数字控制系统

表 6-1　DSP 子系统硬件配置

配置项	芯片型号	备注
CPU	TMS320DM642AZDK	600 MHz,4 800 MIPS,64 bit 总线宽度
SDRAM	2 × H57V283220T	64 Mbytes,64 bit 总线宽度
NOR FLASH	AM29LV033C	4 Mbytes,8 bit 总线宽度
Video input	2 × TVP5150PBS	NTSC:720 ×525@ 30 帧/SPAL:720 ×625@ 30 帧/s
Video output	SAA7121H	NTSC:720 ×525@ 30 帧/SPAL:720 ×625@ 30 帧/s

续表

配置项	芯片型号	备注
Audio interface	TLV320aic23BPW	1 个 input/1 个 output
JTAG	调试 DSP 子系统/烧写 Flash	14 针
UART	2 × MAX3160	扩展口
CPLD	XC95144	配置与 FPGA,ARM 及其他外设的通信逻辑

6.3.1 无功补偿数字系统与接口实现方案

无功补偿控制系统的整体结构如图 6-3 所示。系统包括 DSP 与 CPLD 控制器,检测电路、信号调理电路、驱动电路,保护电路等接口电路;主要完成交、直流侧电压和电流信号的检测,根据检测的数据进行功率计算、无功电流计算,以及必要的保护等功能。其中,DSP 子系统完成数据的采集、算法计算与 SPWM、SVPWM 的生成;CPLD 子系统与 DSP 进行数据传输,实现 PWM 脉冲输出,并在系统发生故障时禁止脉冲信号输出,达到系统保护的目的。

6.3.2 主要接口电路设计

6.3.2.1 直流电压、电流检测电路

选用 VSM025A 型霍尔电压传感器和 HAS－100 型霍尔电流传感器对直流侧电压和电流进行检测。为了使采样输出的电压与 DSP 的 AD 端口电压等级匹配,电路中设置了信号调理电路,如图 6-4 和图 6-5 所示。

6.3.2.2 交流电压、电流检测电路

采用 LA50－P 型电流霍尔传感器对负载电流和并网电流进行检测,通过 R10 将电流转换为电压量,通过 *RC* 滤波电路后送入 LM324 的反相端,这里引入电压负反馈,将电压信号缩小了 1/3 倍,防止升压后电压过大。然后通过电平抬升电路将电压抬升到 0～3.3 V,用电压跟随器作为缓冲级,使其输入端呈高阻态,输出端呈低阻态,起到隔离采样电路和 DSP 的作用,如图 6-6 所示。

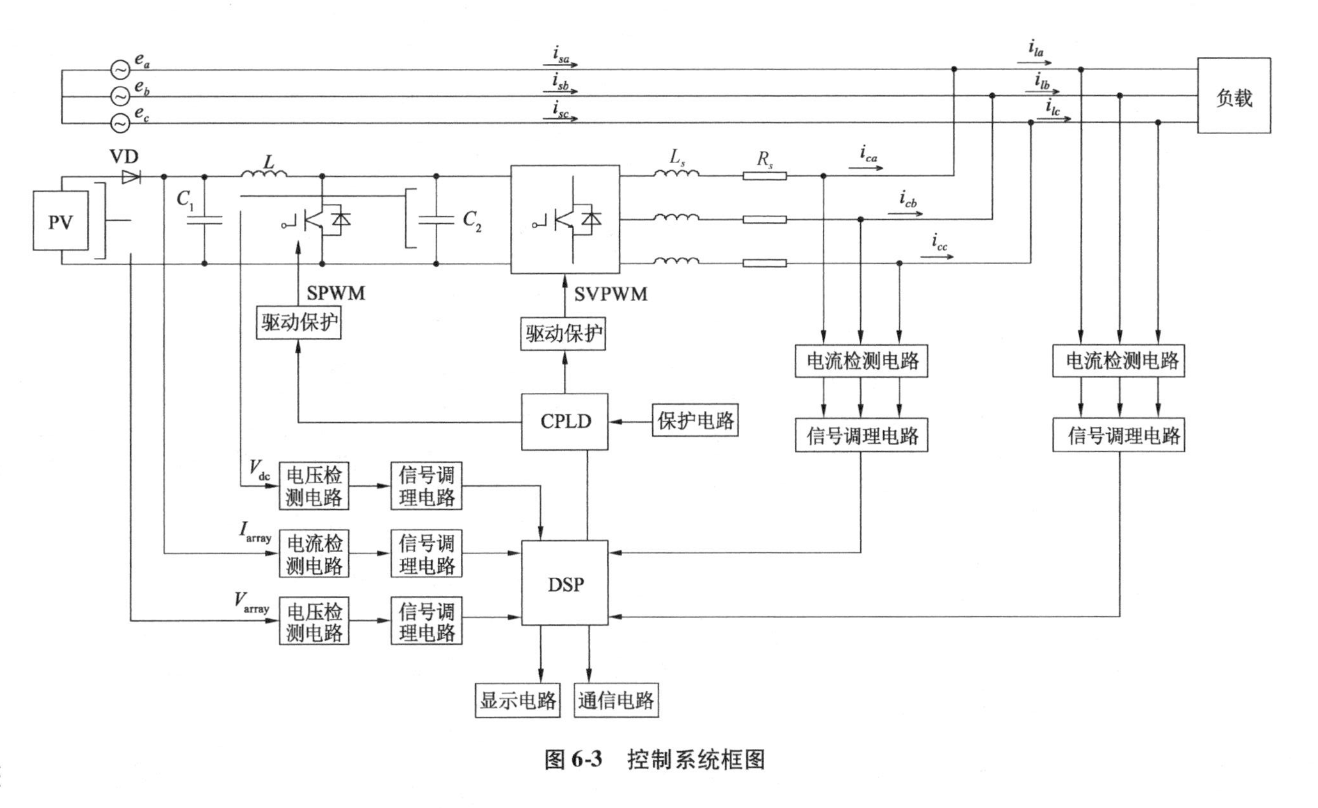

负载
电流检测电路
信号调理电路
电流检测电路
信号调理电路
保护电路
CPLD
DSP
通信电路
显示电路
驱动保护
SVPWM
驱动保护
SPWM
电压检测电路
信号调理电路
电流检测电路
信号调理电路
电压检测电路
信号调理电路
PV
VD
e_a
e_b
e_c
i_{sa}
i_{sb}
i_{sc}
i_{la}
i_{lb}
i_{lc}
i_{ca}
i_{cb}
i_{cc}
R_s
L_s
C_1
C_2
L
V_{dc}
I_{array}
V_{array}

图 6-3　控制系统框图

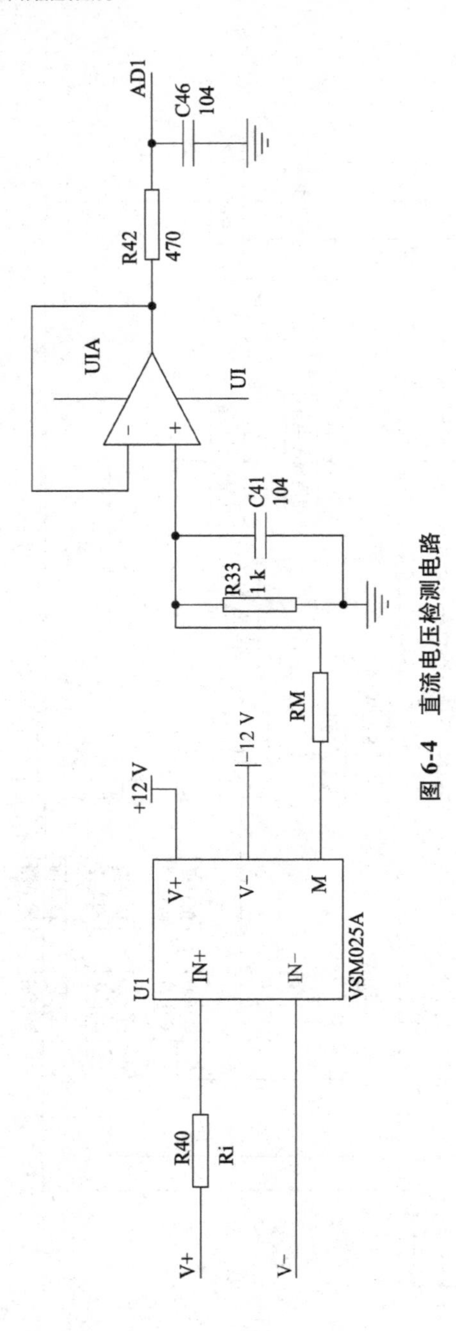

图 6-4 直流电压检测电路

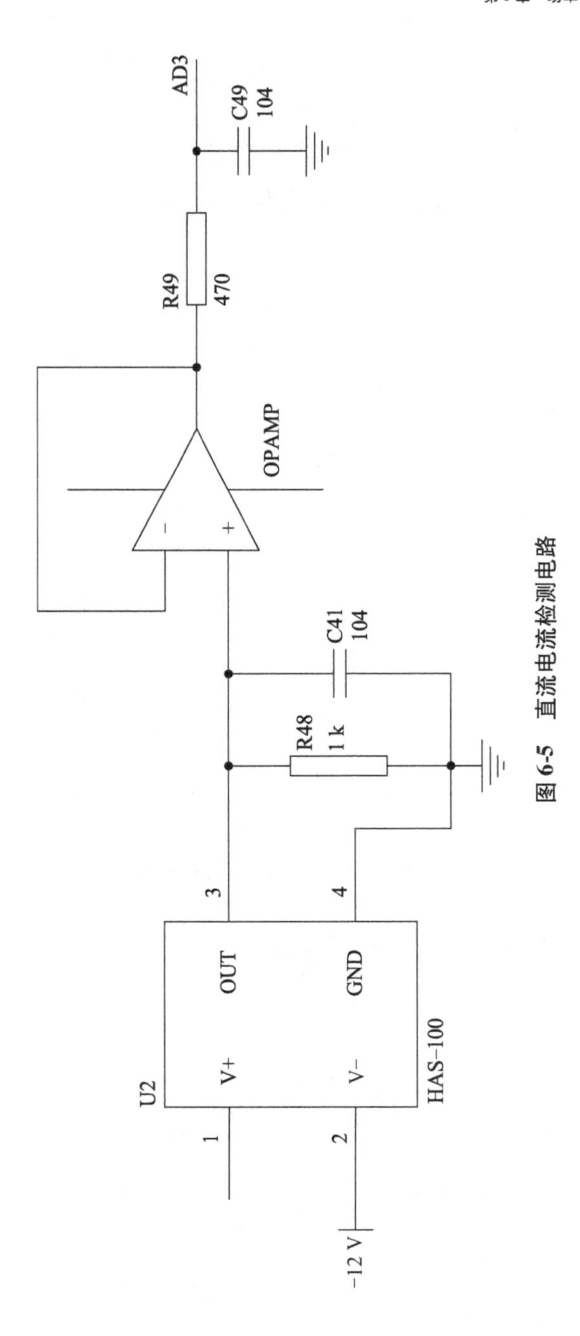

图 6-5　直流电流检测电路

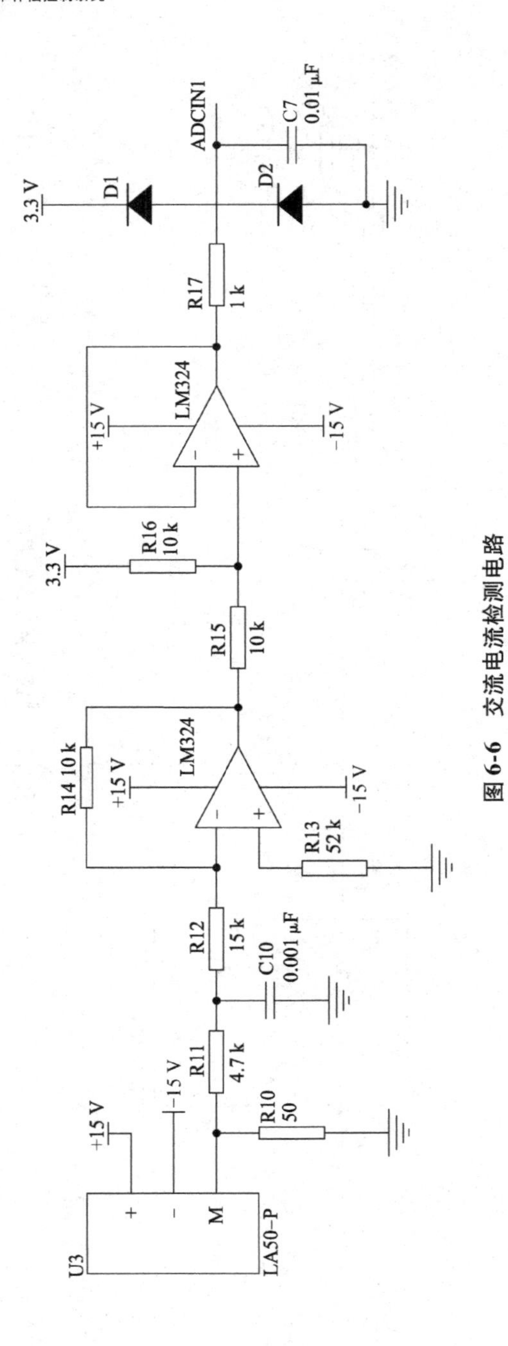

图 6-6　交流电流检测电路

采用CHV25P-400型霍尔电压传感器检测交流电压,其检测电路与交流电流检测电路原理类似。

6.3.2.3　过流保护电路

为防止故障引起的过流对电路造成损害,将光伏阵列输出的直流电流和交流电流并网进行过流保护,如图6-7所示。

图6-7中,+3 V电压由R89、R90分压,得到交流峰值的过流保护阀值电平信号。如果交流采样电流超过过流保护阀值,比较器输出端1OUT和2OUT为低电平。直流过流保护阀值由R94、R95分压得到,如果直流采样电流超过过流保护阀值,比较器输出端3OUT为低电平。因此,只要检测到直流电流或交流电流发生过流现象,比较器就输出低电平,然后经过滤波进入到DSP的PNPINTA引脚封锁驱动信号,使光伏并网逆变器停止工作。

6.3.3　控制程序设计

6.3.3.1　主程序

首先,对DSP进行初始化,然后实时采集电流值、电压值等数据,经A/D转换与滤波后,用DSP完成相关计算与控制功能;将DSP与CPLD进行数据传输,实现PWM脉冲输出,生成BOOST电路的SPWM驱动信号及并网逆变器的SVPWM驱动信号。系统主程序流程如图6-8所示。

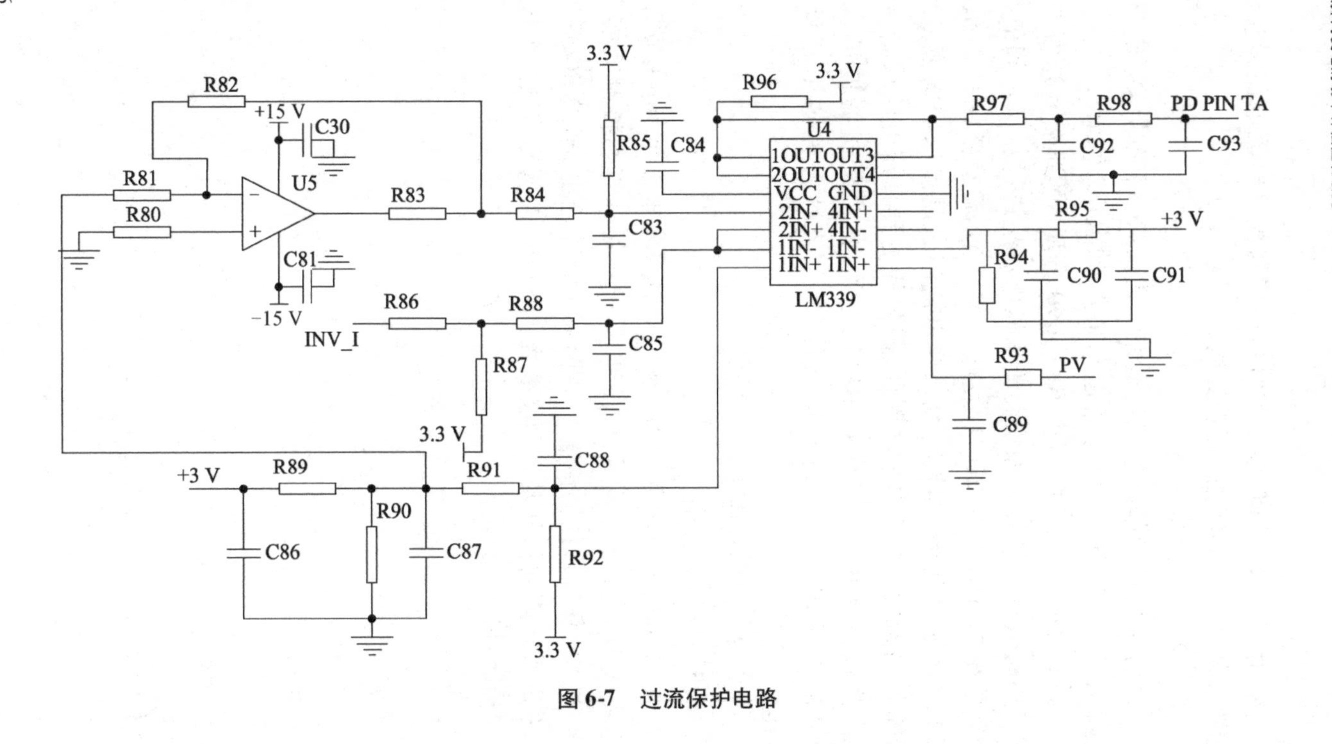
R82
+15 V
C30
R81
U5
R80
C81
-15 V
R83
R84
3.3 V
R85
C84
C83
R86
INV_I
R88
C85
R87
3.3 V
R91
C88
+3 V
R89
R90
C86
C87
R92
3.3 V
R96
3.3 V
U4
1OUTOUT3
2OUTOUT4
VCC GND
2IN- 4IN+
2IN+ 4IN-
1IN- 1IN-
1IN+ 1IN+
LM339
R97
R98
PD PIN TA
C92
C93
R95
+3 V
R94
C90
C91
R93
PV
C89

图 6-7 过流保护电路

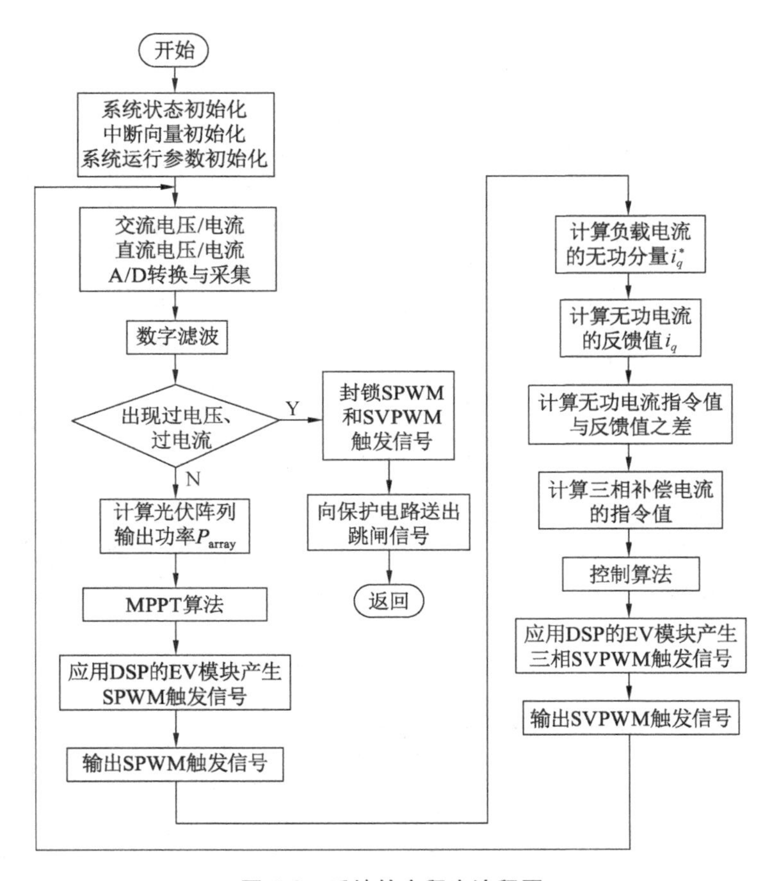

图 6-8　系统的主程序流程图

6.3.3.2　*初始化程序*

初始化程序的主要作用是:设置寄存器、变量的初值,建立中断向量表,初始化外围部件。其流程图如图 6-9 所示。

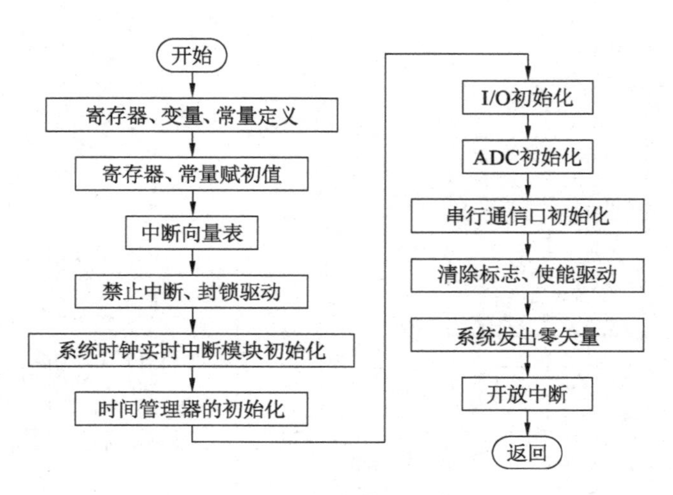

图 6-9　初始化流程图

6.3.3.3　脉冲发生器程序

脉冲发生器程序的主要作用是:生成触发脉冲,保护功能。如图 6-10 所示。

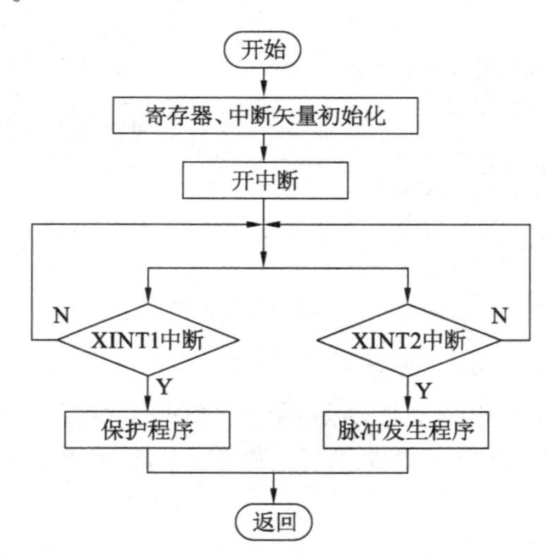

图 6-10　脉冲发生器程序流程图

DSP 上电复位,执行初始化程序。当外部中断 XINT2 触发,

DSP 执行 XINT2 中断服务子程序，生成触发脉冲；当外部中断 XINT1 触发，DSP 执行 XINT1 中断服务子程序，禁止功率变换器的输出。

6.4　基于研究内容的实验研究

6.4.1　光伏阵列的最大功率跟踪实验

6.4.1.1　MPPT 过程模拟

通过合理设置程控直流电源供应器 6250H－600S，可以模拟不同环境条件下光伏阵列的输出特性。设定光伏阵列最大输出功率从 300 W 突变到 150 W，模拟在太阳光辐射度、环境温度的变化导致功率波动情况下的 MPPT 控制算法及其跟踪效果。6250H－600S 虚拟仪器面板上 MPPT 过程模拟如图 6-11～图 6.13 所示。

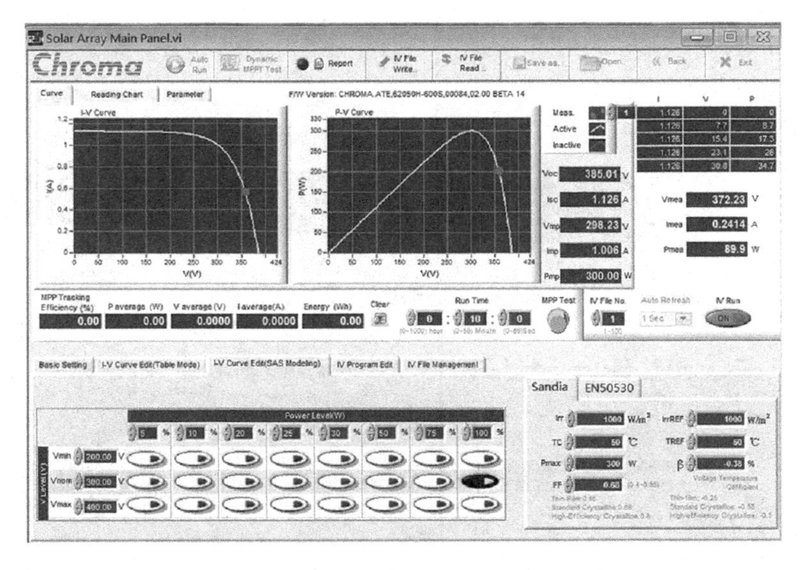

图 6-11　MPPT 过程模拟

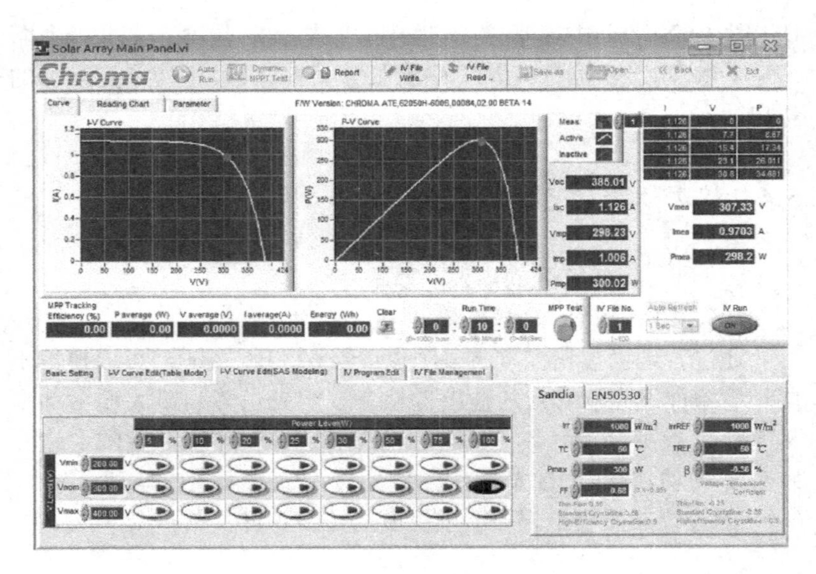

图 6-12　最大工作点

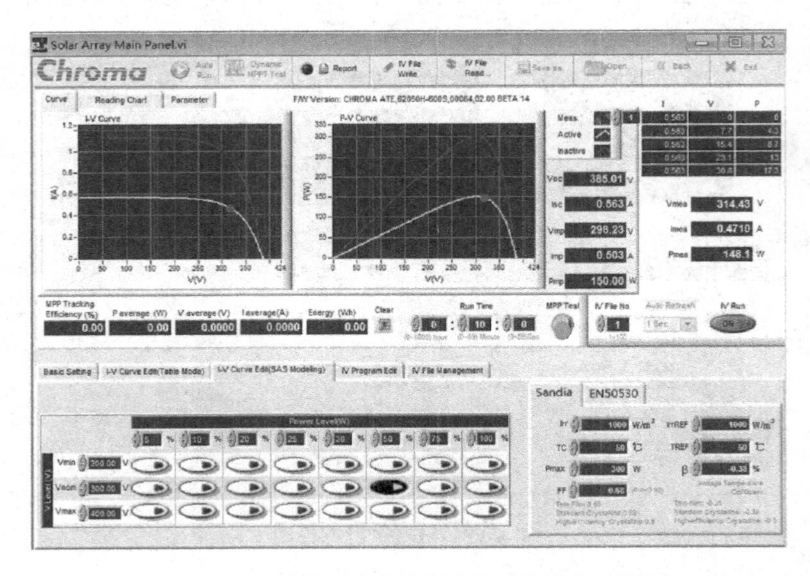

图 6-13　光伏阵列输出功率波动时的最大工作点

从图6-11~图6-13可以看出光伏阵列发生功率波动时的MPPT过程。初始时刻,光伏阵列的工作点位置处于$P-V$特性曲线的右下方,在6250H-600S中设定光伏阵列最大输出功率为300 W,根据MPPT算法,光伏阵列的工作点开始运动,最终稳定于$P-V$曲线的最高点,如图6-13所示,此时光伏阵列的输出功率为298.2 W;当设定光伏阵列最大输出功率变为150 W时(模拟外界环境变化导致光伏阵列输出功率波动的情况),光伏阵列将稳定于新工作点(如图6-13所示),此时光伏阵列的输出功率为148.1 W。

6.4.1.2 MPPT实验

为了进一步验证MPPT算法在光伏并网发电系统输出功率发生波动时的跟踪效果,通过WT500功率分析仪捕捉光伏并网发电系统进行MPPT过程中输出功率发生波动时直流侧电压与电流波形,如图6-14~图6-15所示,其测量结果见表6-2和表6-3。

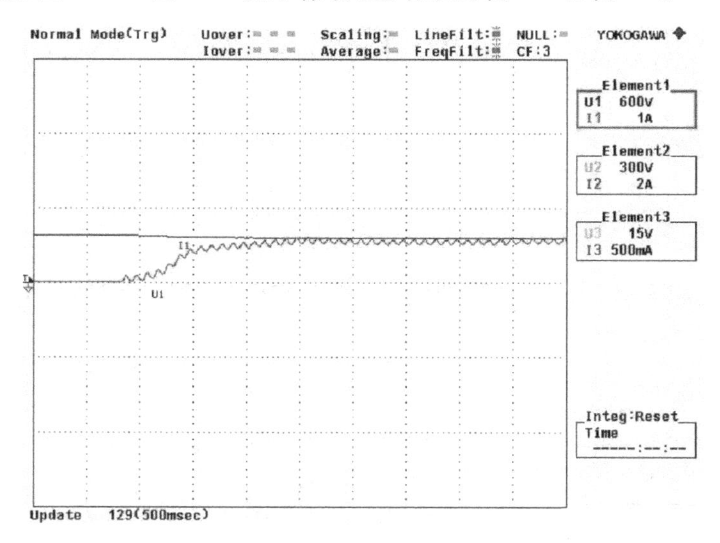

图6-14 光伏发电系统进行MPPT时的直流侧电压与电流波形

表 6-2　光伏发电系统进行 MPPT 时的测量数据

序号	电压/V	电流/A	功率/W
1	385. 03	0. 009 6	3. 7
2	385. 03	0. 009 6	3. 7
3	385. 03	0. 009 5	3. 7
4	385. 03	0. 009 5	3. 7
5	385. 02	0. 010 5	3. 7
6	378. 16	0. 036 1	4. 0
7	347. 8	0. 690 6	13. 7
8	339. 29	0. 776 7	248. 5
9	324. 27	0. 881 3	283. 9
10	317. 15	0. 926 8	289. 6
11	311. 31	0. 953 9	294. 6
12	306. 27	0. 974 4	298. 4
13	305. 89	0. 975 5	298. 4
14	305. 87	0. 976 0	298. 4
15	305. 51	0. 977 4	298. 5
16	305. 13	0. 978 8	298. 6
17	302. 63	0. 986 6	298. 7
18	300. 75	0. 993 7	298. 6
19	300. 74	0. 993 8	298. 9
20	300. 36	0. 995 1	298. 9

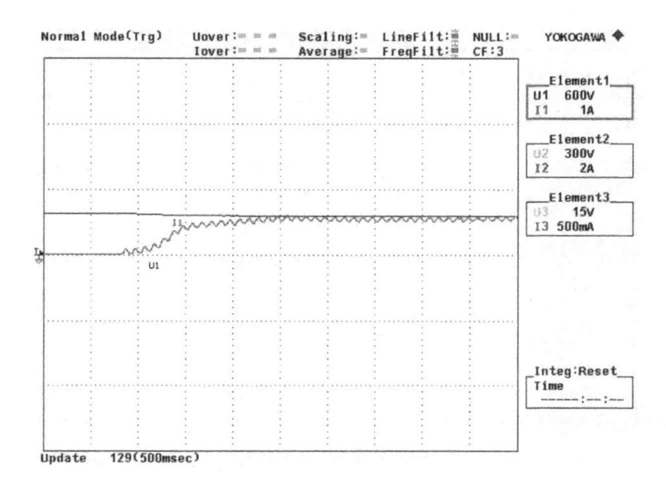

图6-15　光伏发电系统输出功率发生波动时的直流侧电压与电流波形

表6-3　光伏发电系统输出功率发生波动时的测量数据

序号	电压/V	电流/A	功率/W
1	298.15	1.002 8	298.9
2	297.78	1.004 0	299
3	296.42	1.007 2	298.9
4	294.31	1.013 6	298.6
5	293.84	1.014 9	298.2
6	293.80	1.015 2	298.2
7	293.41	1.016 2	298.3
8	293.77	1.015 2	298.3
9	293.77	1.015 1	298.2
10	294.94	1.011 8	298.2
11	296.88	0.503 9	149.5
12	296.88	0.503 9	149.5
13	296.09	0.505 0	149.6

续表

序号	电压/V	电流/A	功率/W
14	296.88	0.504 1	149.5
15	299.82	0.500 0	149.7
16	301.36	0.497 0	149.8
17	301.36	0.497 0	149.8
18	301.93	0.496 0	149.8
19	301.47	0.496 8	149.8
20	299.56	0.500 0	149.8

从图6-15和表6-3可以发现，当光伏并网发电系统输出功率由300 W减小到150 W时，系统能够保持直流侧电压为300 V不变，同时通过减小直流侧输出电流，迅速调整光伏阵列工作点，使其稳定在新的最大工作点附近，其动态响应快，稳态误差小。

6.4.2 有功功率补偿实验

当光伏发电系统输出功率发生波动时，采取增设储能装置的方式来补偿有功功率，实现系统的恒功率输出。采用12 V、7 Ah的铅酸蓄电池作为实验对象，其充电终止电压为10.5 V，通过蓄电池分段放电的方式来模拟超级电容对整个混合储能系统的影响，并用电池综合参数自动测试仪记录实验数据。

6.4.2.1 放电模式

为了充分反映出蓄电池和混合储能系统性能的差异，本书通过对蓄电池放电方式的设置来模拟极端的天气情况。假设在多云天气时，太阳光辐射度剧烈变化，一块薄云遮盖天空20分钟，此后连续出现短暂的乌云（功率波动出现脉动现象）。通过电池综合参数自动测试仪，记录采用蓄电池单独进行有功补偿时，蓄电池输出的功率曲线和电压曲线如图6-16和图6-17所示。

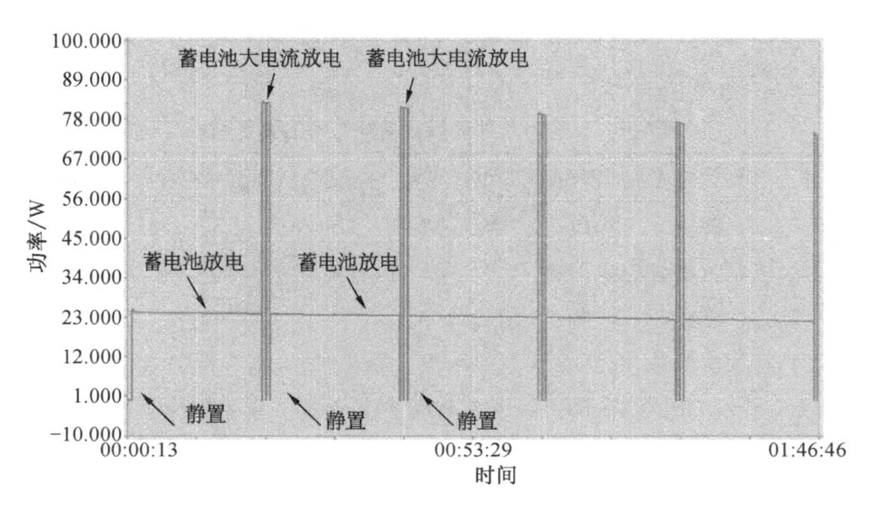

图 6-16　蓄电池单独进行有功补偿时的功率曲线

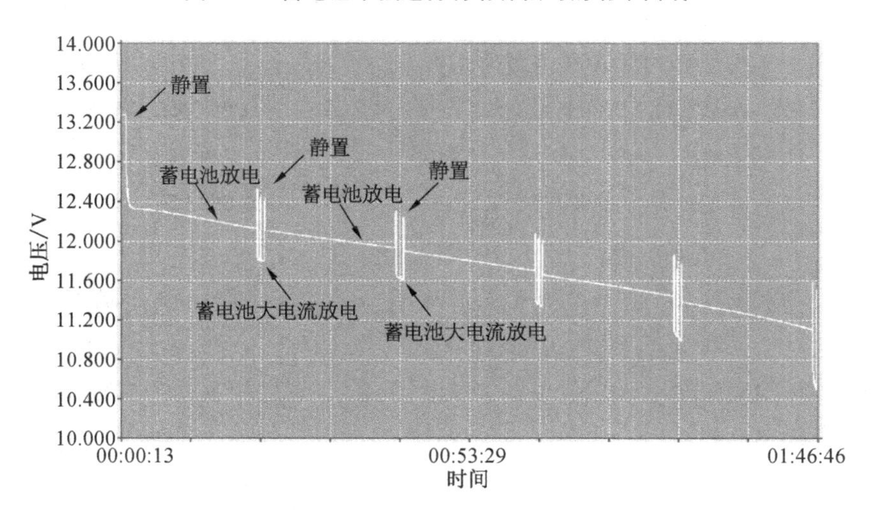

图 6-17　蓄电池单独进行有功补偿时的电压曲线

图 6-16 ~ 图 6-17 中，静置阶段表示云层消失，蓄电池不工作；蓄电池放电阶段代表薄云遮盖天空，蓄电池释放小功率能量，同时蓄电池电压逐渐减小；蓄电池大电流放电阶段代表出现短暂的乌云，蓄电池短时间释放大功率能量。当连续出现短暂的乌云时，蓄

电池时而大电流放电，时而处于静置状态，其输出电压波动明显，其部分试验数据见表6-4。

表6-4　蓄电池单独进行有功补偿时的测量数据

序号	运行模式	阶段时间	电压/V	电流/A	容量/Ah	功率/W
1	静置	00:01:00	13.283	0	0	0
2	恒流放电	00:20:00	12.132	2	0.666 389	24.264
3	静置	00:00:05	12.538	0	0	0
4	恒流放电	00:00:30	11.805	7	0.058 056	82.635
5	静置	00:00:05	12.467	0	0	0
6	恒流放电	00:00:30	11.802	7	0.058 056	82.614
7	静置	00:00:05	12.456	0	0	0
8	恒流放电	00:20:00	11.938	2	0.666 389	23.876
9	静置	00:00:05	12.318	0	0	0
10	恒流放电	00:00:30	11.630	6.999	0.058 056	81.398 37
11	静置	00:00:05	12.266	0	0	0
12	恒流放电	00:00:30	11.610	7	0.058 056	81.27
13	静置	00:00:05	12.247	0	0	0
14	恒流放电	00:20:00	11.708	2	0.666 389	23.416
15	静置	00:00:05	12.092	0	0	0
16	恒流放电	00:00:30	11.369	7	0.058 056	79.583
17	静置	00:00:05	12.042	0	0	0
18	恒流放电	00:00:30	11.337	7	0.058 056	79.359
19	静置	00:00:05	12.017	0	0	0
20	恒流放电	00:20:00	11.453	2	0.666 389	22.906
21	静置	00:00:05	11.868	0	0	0
22	恒流放电	00:00:30	11.039	7	0.058 056	77.273

续表

序号	运行模式	阶段时间	电压/V	电流/A	容量/Ah	功率/W
23	静置	00:00:05	11.810	0	0	0
24	恒流放电	00:00:30	10.992	7.001	0.058 056	76.954 99
25	静置	00:00:05	11.776	0	0	0
26	恒流放电	00:20:00	11.109	2	0.666 389	22.218
27	静置	00:00:05	11.596	0	0	0
28	恒流放电	00:00:28	10.499	7	0.055 833	73.493

在上述极端天气情况下，采用超级电容和蓄电池的混合储能系统对光伏发电系统的有功功率进行补偿，此时蓄电池输出的功率曲线和电压曲线如图 6-18 和图 6-19 所示。

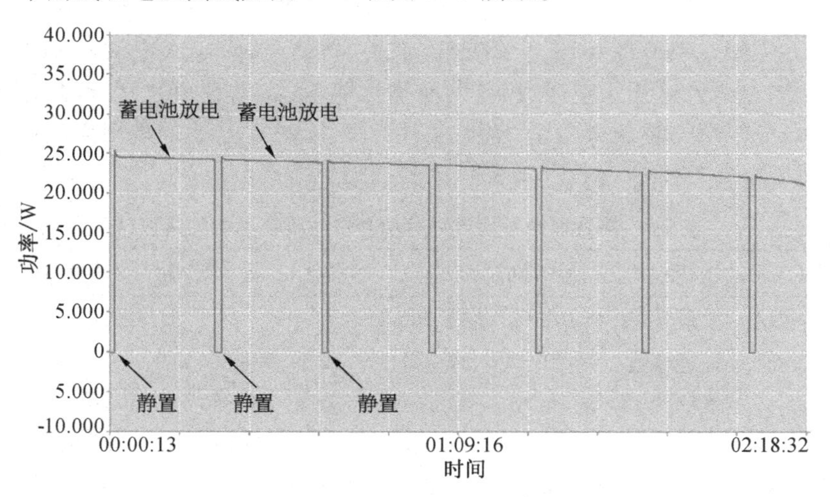

图 6-18　混合储能系统进行有功补偿时蓄电池的功率曲线

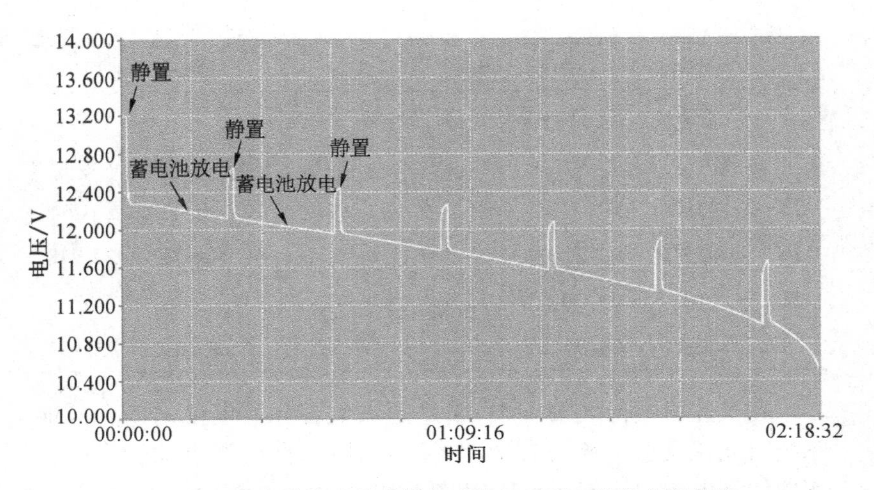

图 6-19　混合储能系统进行有功补偿时蓄电池的电压曲线

图 6-18～图 6-19 中,在云层消失时,蓄电池、超级电容均不工作;在薄云遮盖天空时,仅蓄电池输出能量;在出现短暂乌云时,超级电容瞬间释放大功率,蓄电池不工作,此时蓄电池的输出电压出现了一个“回跳”过程,其部分试验数据见表 6-5。

表 6-5　混合储能系统进行有功补偿时蓄电池的测量数据

序号	运行模式	阶段时间	电压/V	电流/A	容量/Ah	功率/W
1	静置	00:01:00	13. 206	0	0	0
2	恒流放电	00:20:00	12. 121	2	0. 666 389	24. 242
3	静置	00:01:15	12. 663	0	0	0
4	恒流放电	00:20:00	11. 959	2	0. 666 389	23. 918
5	静置	00:01:15	12. 456	0	0	0
6	恒流放电	00:20:00	11. 777	2	0. 666 389	23. 554
7	静置	00:01:15	12. 267	0	0	0
8	恒流放电	00:20:00	11. 572	2	0. 666 389	23. 144
9	静置	00:01:15	12. 085	0	0	0
10	恒流放电	00:20:00	11. 339	2	0. 666 389	22. 678

续表

序号	运行模式	阶段时间	电压/V	电流/A	容量/Ah	功率/W
11	静置	00:01:15	11.907	0	0	0
12	恒流放电	00:20:00	10.986	2	0.666 389	21.972
13	静置	00:01:15	11.667	0	0	0
14	恒流放电	00:10:02	10.499	2	0.334 722	20.998

对照表 6-4 和表 6-5 发现,在上述极端情况下,采用蓄电池单独进行有功补偿时,蓄电池释放的总容量为 3.801 Ah;采用混合储能系统进行有功补偿时,超级电容承担了瞬间的大功率输出,蓄电池释放的总容量为 4.333 Ah,相比蓄电池单独进行有功补偿的情况,输出的容量增加了 14%。因此,混合储能系统不但能减少蓄电池的放电次数,提高寿命,还能提高蓄电池的放电能力,从而大幅提高混合储能系统的整体性能。

6.4.2.2　充电模式

当光伏并网发电系统或电网输出能量有"盈余"时,通过对双向 DC/DC 变换器的控制,实现对蓄电池的充电,其充电过程中的功率曲线和电压曲线如图 6-20 和图 6-21 所示。

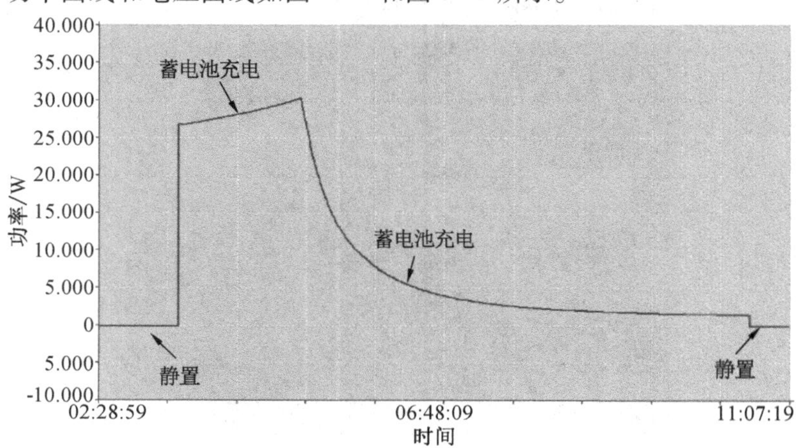

图 6-20　蓄电池充电时的功率波形

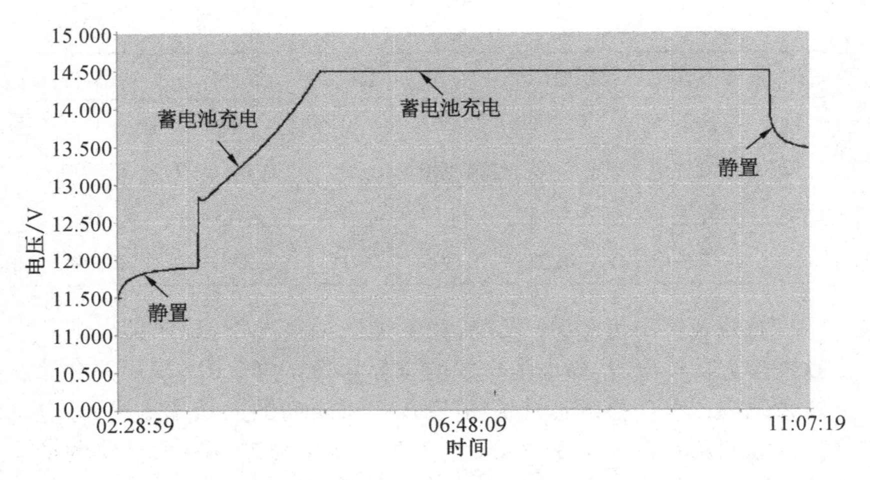

图 6-21　蓄电池充电时的电压波形

6.4.3　并网发电实验

用程控直流电源供应器 6250H－600S 模拟光伏阵列，用程控交流电源供应器 6590 模拟电网，将光伏并网逆变器分别与 6250H－600S 的直流输出端和 6590 的交流输出端相连，同时将阻性负载连接到 6590 的交流输出端，即构成了光伏并网发电模拟实验系统，如图 6-22 所示，示波器测得波形如图 6-23～6-27 所示。

图 6-22　光伏并网发电实验系统

在可程控交流电源供应器 6590 中设置电压从 220 V 下降到 190 V，如图 6-23 所示；在可程控交流电源供应器 6590 中设置电压从 190 V 上升到 220 V，如图 6-24 所示，模拟电网电压发生变化时对交流侧和直流侧的影响。两图中，通道 1 中的波形表示电网电压，通道 2 中的波形表示交流侧电流，通道 3 中的波形表示直流侧电压，通道 4 中的波形表示直流侧电流。由图 6-23 和图 6-24 可知，电网电压变化对交流侧电流影响较大，交流侧电流在电网电压突变瞬间将发生畸变，而对直流侧电压和电流影响较小。

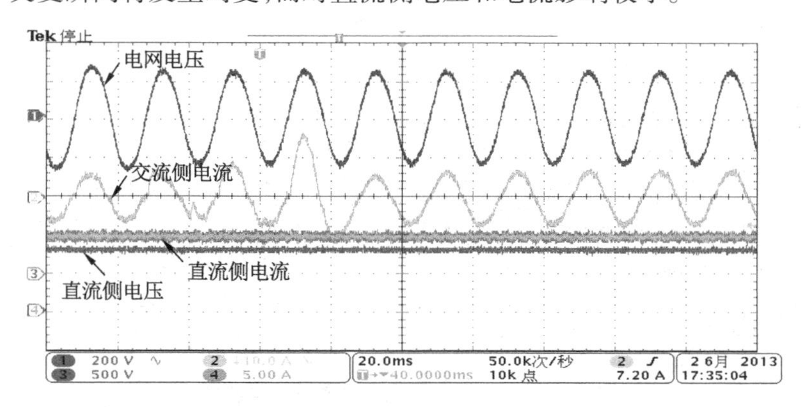

图 6-23　电网电压减小时电压和电流的波形

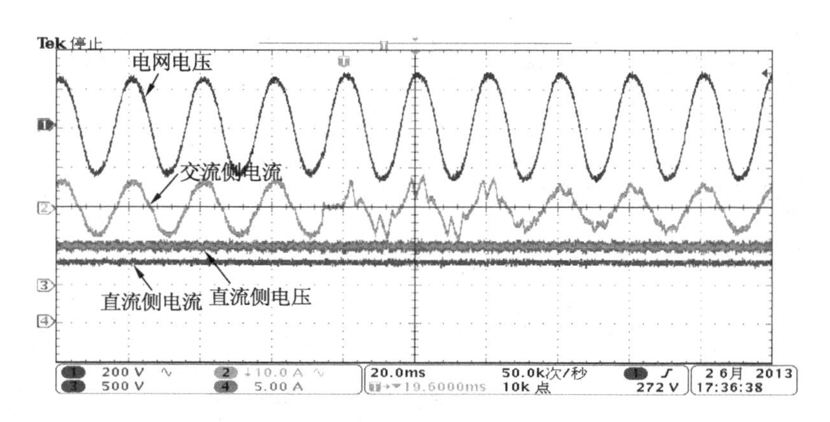

图 6-24　电网电压增大时电压和电流的波形

在6250H－600S虚拟仪器面板上设置光伏阵列输出功率从1.5 kW上升到3 kW，以及从2.25 kW下降到1.5 kW，模拟光伏阵列由于太阳光辐射度变化导致输出的功率发生变化时对交流侧和直流侧的影响，如图6-25和图6-26所示。由图可知，光伏系统输出功率的变化对交流侧电流和直流侧电流影响较大，它们均随着光伏系统输出功率的增加而显著增大，随着光伏系统输出功率的减小而显著减小。

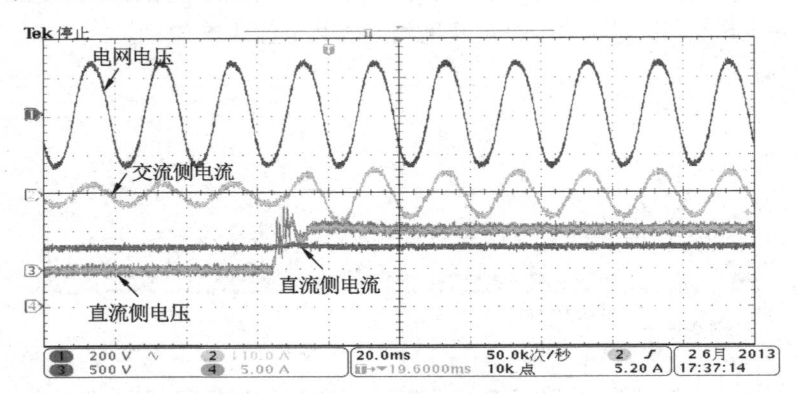

图6-25 太阳光辐射度增大时电压和电流的波形

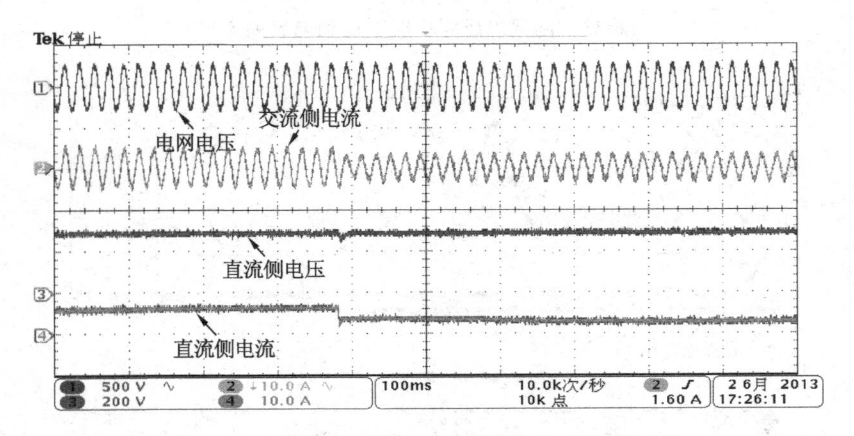

图6-26 太阳光辐射度减小时电压和电流的波形

因此,必须通过增设储能单元的方式对光伏系统输出的功率进行补偿,减小交流侧电流的突变对用电设备的冲击。光伏系统输出功率的变化对直流侧电压影响较小,直流侧电压在光伏阵列输出功率突变瞬间将发生变化,随后迅速稳定于新的最大工作点电压附近。

当电网电压、太阳光辐射度和光伏阵列工作温度等条件不发生变化时,整个光伏并网发电系统将运行在稳定状态,如图 6-27 所示。

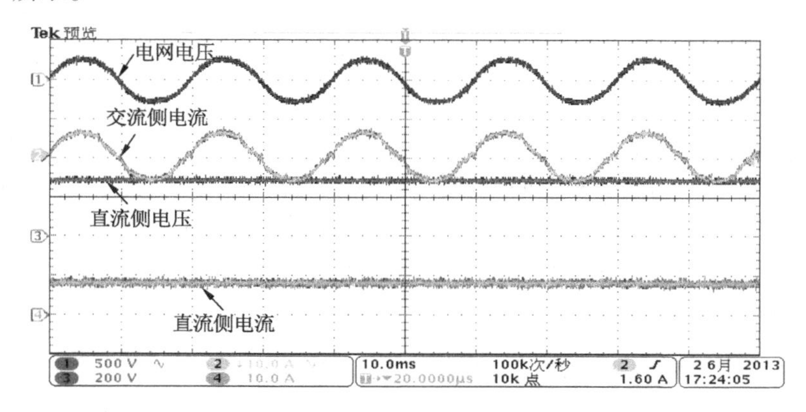

图 6-27　系统稳定时电压和电流的波形

6.4.4　无功功率补偿实验

大量的感性和容性负载存在于光伏发电系统中,导致无功功率的存在。无功功率的增加会导致供电质量下降和功率损耗增加等问题,所以必须采取一定的措施来补偿无功功率。通过功率分析仪 WT500 测得的光伏发电系统中,对无功功率进行补偿前后电压和电流的波形如图 6-28 和图 6-29 所示。

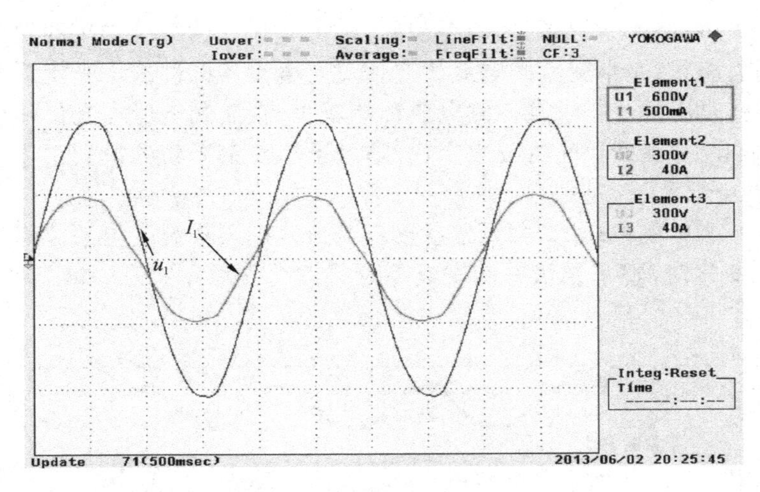

图 6-28　无功补偿前电网电压和电流的波形

图 6-29 为对光伏发电系统进行无功补偿后的电压和电流的波形,此时,电网电压和电流同相,功率因数为 1,达到了无功补偿的目的。

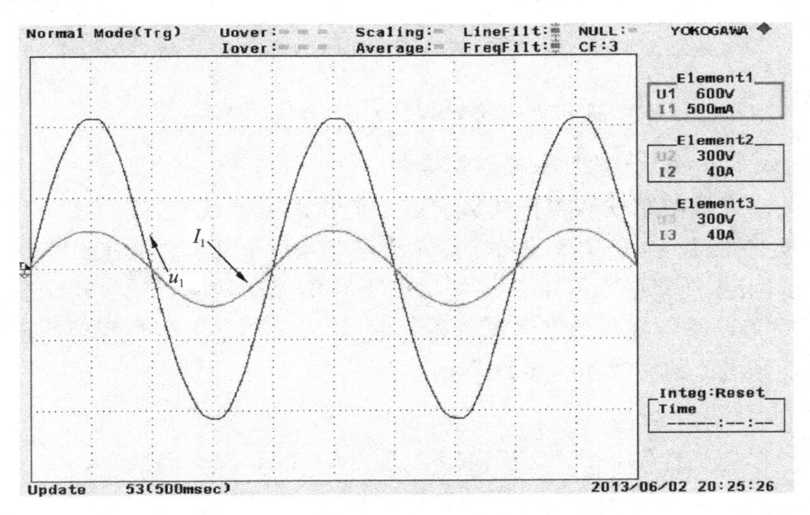

图 6-29　无功补偿后电网电压和电流的波形

6.5　本章小结

本章综合考虑功率控制的要求及实验室现有设备条件，设计了一种光伏并网发电系统模拟实验平台，研究了系统的工作原理；采用 DSP 与 CPLD 构成数字控制系统，设计控制系统，并开展了 MPPT、有功补偿、并网发电与无功补偿的相关实验研究。

第7章　总结与展望

7.1　总结

太阳能因具有能量巨大、分布广泛、清洁无害等一系列优势而备受各国广泛重视，是解决世界能源危机和环境污染最可靠和行之有效的绿色能源。本书以光伏有功功率和无功功率的动态补偿控制为目标，围绕MPPT控制、有功补偿控制策略与无功补偿控制策略开展研究，取得了以下研究成果：

（1）比较分析了各种类型的光伏并网发电系统，根据功率补偿控制的要求，采用两级可调度光伏并网发电系统结构，使得整个系统的设计灵活性增强。

（2）研究了一种光伏组件简化数学模型，基于该模型，研究了光伏组件在不同太阳光辐射度及工作温度下电流-电压与功率-电压特性。

（3）分析比较了恒电压控制法、干扰观测法、LS-VSM MPPT控制法的特点。本书提出的基于LS-SVM的MPPT控制策略，可以有效克服传统MPPT法无法解决的误跟踪问题，同时具有较高的控制精度。

（4）研究了大功率复合储能的有功功率补偿控制策略，充分发挥了超级电容瞬时输出功率大、使用寿命长和蓄电池存储能量大的优点，大幅提升储能系统的性能，构建了其控制系统，并进行了仿真实验研究。

（5）研究了SVPWM产生过程与相关计算方法，提出基于

SVPWM 的光伏并网与无功补偿一体化控制策略，实现了对无功功率的补偿功能，与 SPWM 法相比，SVPWM 法更适合数字化控制系统，并且直流电压利用率更高。

（6）设计了光伏并网发电系统模拟实验平台，构建了基于 DSP + CPLD 复合结构的光伏并网发电数字控制系统，开展了相关的实验验证研究。

7.2　展望

本书对光伏并网发电系统功率补偿控制的关键理论与技术问题进行了较为系统的研究工作，但由于著者水平所限与时间限制，在以下几个方面还有待进一步研究：

（1）主动式复合储能系统容量优化设计及能量管理的进一步研究。基于超级电容与蓄电池的混合储能系统具有很强的设计灵活性，当与电网连接构成可调度系统时，要综合各种因素对系统容量进行优化配置，并根据不同的应用场合采取不同的能量管理方式。

（2）光伏并网发电谐波抑制的研究。在光伏并网发电系统中，谐波问题不容忽视，谐波也会导致电能质量的恶化，通过合理的控制策略可以实现并网、无功和谐波的一体化控制。

（3）多个混合能源系统并联运行的研究。随着新能源技术的不断应用、发展，越来越多的能源系统接入电网，要根据不同能源系统的特点，对整个系统进行统一能量管理、生产调度及危机处理等综合管理。

（4）实验的进一步研究。由于模拟实验平台刚刚搭建不久，设计的实验样机功能还不够完善，还有部分功能没有实现，如对电网馈电、大功率复合储能系统等，部分控制策略还有待于实验验证与改进。

参考文献

[1] BP Amoco. BP 世界能源统计年鉴(2013 年 6 月)[R]. 北京：BP Amoco, 2013.

[2] 霍雅勤. 化石能源的环境影响及其政策选择[J]. 中国能源，2000(5)：17－21.

[3] 董宏，张飘. 通信用光伏与风力发电系统[M]. 北京：人民邮电出版社，2008.

[4] 王思耕. 基于虚拟同步发电机的光伏并网发电控制的研究[D]. 北京：北京交通大学，2011.

[5] 张兴，曹仁贤，等. 太阳能光伏并网发电及其逆变控制[M]. 北京：机械工业出版社，2010.

[6] 赵争鸣，刘建政，孙晓瑛，等. 太阳能光伏发电及其应用[M]. 北京：科学出版社，2005.

[7] 付永长，蔡皓. 太阳能发电的现状及发展[J]. 农村电气化，2009(9)：57－59.

[8] 符江升. 基于超级电容储能的光伏发电系统技术研究[D]. 成都：西南交通大学，2012.

[9] 尹璐，赵争鸣. 光伏并网技术与市场——现状与发展[J]. 变频器世界，2008(10)：34－40.

[10] Bettian B C, Christian J. Estimation of the energy output of a photovolatic power plant in the Austrian Alps[J]. Solar Energy, 1998, 62(5): 319－324.

[11] Haberlin H, Graf J. Islanding of grid－connected PV inverters: Test circuits and some test results[C]. 2nd Word Conference

and Exhibition on Phatoltaic Solar Energy Conversin, 1998: 2020 - 2023.

[12] Oman H. Space solar power development[J]. IEEE AES Systems Magazine, 2000, 15(2): 3 - 8.

[13] 李俊峰, 王斯成, 张敏吉, 等. 2007 年中国光伏发展报告[R]. 北京: 中国环境科学出版社, 2007.

[14] 中国可再生能源发展项目办公室. 中国光伏产业发展研究报告(2006 - 2007)[R]. 北京: 中国可再生能源发展项目办公室, 2008.

[15] 查晓明, 刘飞. 光伏发电系统并网控制技术现状与发展(上)[J]. 变频器世界, 2010(2): 37 - 42.

[16] Mcmurray W. Inverter Circuits [P]. US Patent: 3207974,1965.

[17] Remus T, Marco L, Pedro R. 光伏与风力发电系统并网变换器[M]. 北京: 机械工业出版社, 2012.

[18] Meinhardt M, Cramer G, Burger B, et al. Multi - string - converter with reduced specific costs and enhanced functionality[J]. Solar Energy, 2000, 69:217 - 227.

[19] Macdonald D, Cuevas A. Understanding carrier tapping in multicrystalline silicon[J]. Solar Energy Materials and Solar Cells, 2001,65: 509 - 516.

[20] 胡学浩. 分布式发电(电源)技术及其并网问题[J]. 电气应用, 2004(10): 1 - 5.

[21] 杨卫东, 薛峰, 徐泰山, 等. 光伏并网发电系统对电网的影响及相关需求分析[J]. 水电与抽水蓄能, 2009, 33(4): 35 - 43.

[22] 赵平, 严玉廷. 并网光伏发电系统对电网影响的研究[J]. 电气技术, 2009(3): 41 - 44.

[23] 王建, 李兴源, 邱晓燕. 含有分布式发电装置的电力系统研究综述[J]. 电力系统自动化, 2005, 29(24): 90 - 97.

[24] Mayer E. Competitive Power Solutions[C]. Proceedings of 2000

IEEE Power Engineering Society Summer Meeting, 2000, 3: 1668 - 1669.

[25] 黄克亚, 尤凤翔, 李文石. 模糊神经网络在光伏发电 MPPT 中的应用[J]. 计算机仿真, 2012, 29(8): 300 - 304.

[26] 黄明玖, 罗皓泽, 苏建徽. 光伏发电系统最大功率跟踪的稳定性研究[J]. 高压电器, 2012, 48(8): 71 - 75.

[27] 刘飞, 段善旭, 殷进军, 等. 单级式光伏发电系统 MPPT 的实现与稳定性研究[J]. 电力电子技术, 2008, 42(3): 28 - 30.

[28] 项丽, 王冰, 李笑宇, 等. 光伏系统多峰值 MPPT 控制方法研究[J]. 电网与清洁能源, 2012, 28(8): 68 - 76.

[29] 颜永光. 光伏发电系统新型最大功率点跟踪方法的研究[J]. 广东电力, 2008,25(3): 65 - 67.

[30] 周婷, 谭理华. 光伏发电系统 MPPT 误判现象及振荡分析[J]. 安徽电气工程职业技术学院学报, 2012, 17(3): 9 - 14.

[31] 邱培春. 光伏并网发电的功率平抑控制[D]. 北京:北京交通大学, 2010.

[32] 邓元实. 带储能的太阳能光伏发电系统研究[D]. 成都:西南交通大学, 2012.

[33] 王兆安, 杨君, 刘进军, 等. 谐波抑制和无功功率补偿[M]. 北京:机械工业出版社, 2005.

[34] 陈健. 光伏并网功率调节系统的研究[D]. 武汉:武汉理工大学, 2012.

[35] 余世杰, 何慧若, 曹仁贤. 光伏水泵系统中 CVT 及 MPPT 的控制比较[J]. 太阳能学报, 1998, 19(4): 34 - 37.

[36] 陈进美, 陈峦. 光伏发电最大功率跟踪方法的研究[J]. 科学技术与工程, 2009, 9(17): 4940 - 4944.

[37] TSC K K, et al. A comparative study of maximum power point tracker for photovoltaic panel using switching frequency modulation scheme[J]. IEEE Trans Ind Electronics, 2004, 51(2): 410 - 418.

[38] 林期远, 杨启岳. 分布式光伏发电系统最大功率点跟踪技术

比较研究[J]. 能源工程, 2012, 23(2): 23 -27.

[39] 杨钦超, 符江升, 王秉旭. 分布式太阳能最大功率跟踪系统的研究[J]. 电子元器件应用, 2011, 32(11): 42 -46.

[40] 陈桂兰, 孙晓, 李然. 光伏发电系统最大功率点跟踪控制[J]. 电子技术应用, 2001, 12(8): 223 -227.

[41] 陈兴峰, 曹志峰, 许洪华,等. 光伏发电的最大功率跟踪算法研究[J]. 可再生能源, 2005, 22(1): 33 -37.

[42] 朱铭炼, 李臣松, 陈新, 等. 一种应用于光伏系统 MPPT 的变步长扰动观察法[J]. 电力电子技术, 2010, 44(1): 20 -25.

[43] 黄瑶, 黄洪全. 电导增量法光伏系统的最大功率点跟踪控制[J]. 现代电子技术, 2008, 31(22): 18 -22.

[44] Esram T, Chapman P L. Comparison of photovoltaic array maximum power point tracking techniques[J]. IEEE Trans. on Energy Conversion, 2007, 22(3): 439 -449.

[45] Nobuyoshi M, Masahiro O, Takayoshi I. A method for MPPT control while searching for parameters corresponding to weather conditions for PV generation system[J]. IEEE Trans. Ind. Electron., 2006, 53(4): 1055 -1065.

[46] Sheraz M, Abido M A. An efficient MPPT controller using differential evolution and neural network[C]. 2012 IEEE International Conference on Power and Energy, 2012: 378 -383.

[47] 何俊强. 基于滑模变结构的光伏并网发电系统 MPPT 算法研究[D]. 济南:山东大学, 2012.

[48] 邓元实. 带储能的太阳能光伏发电系统研究[D]. 成都:西南交通大学, 2012.

[49] 刘伟, 彭冬, 卜广全, 等. 光伏发电接入智能配电网后的系统问题综述[J]. 电网技术, 2009, 33(19): 1 -6.

[50] Jaralikar S M, Aruna M. Performance analysis of hybrid (WIND&SOLAR) power plant - A case study [C]. Proceedings of the 4th IASTED Asian Conference on Power and Energy Sys-

tems, 2010: 117 - 123.

[51] Kiyoshi T, Naotaka O, Nobuaki K, et al. A development of smart power conditioner for value added PV applicatin [J]. Solar Energy Materials and Solar Cells, 2003, 75(3 - 4): 547 - 555.

[52] Tsukaqoshi I, Takano I, Sawada Y. Transient performance of PV/SMES hybrid dispersed power Source [C]. Proceedings of the IEEE Power Engineering Society Transmission and Distribution Conference, 2001:1579 - 1584.

[53] Kong F, Rodriguez C, Amartunga G, et al. Series connected photovoltaic power inverter[C]. 2008 IEEE International Conference on Sustainable Energy Technologies, 2008: 595 - 600.

[54] Cheng Y H. Impace of large scale integration of photovoltaic energy source and optimization in smart grid with minimal energy storge[J]. IEEE International Symposium on Industrial Electronics, 2010: 3329 - 3334.

[55] Li B, Tian X H, Zeng H Y. A grid - connection control scheme of PV system with fluctuant reactive load[C]. International Conference on Electric Utility Deregulation and Restructuring and Power Technologies, 2011: 786 - 790.

[56] Rahmani S, Hamadi A, Al - haddad K, et al. A multifunctional power flow controller for photovoltaic generation systems with compliance to power quality standards[C]. Conference of the IEEE Industrial Electonics Society, 2012,2(1): 894 - 903.

[57] 赵为. 太阳能光伏并网发电系统的研究[D]. 合肥:合肥工业大学, 2003.

[58] 汪海宁, 苏建徽, 张国荣, 等. 光伏并网发电及无功补偿的统一控制[J]. 电工技术学报, 2005, 20(9): 114 - 118.

[59] 汪海宁, 苏建徽, 丁明, 等. 光伏并网功率调节系统[J]. 中国电机工程学报, 2007, 27(2): 75 - 79.

[60] 汪海宁, 苏建徽, 张国荣, 等. 具有无功功率补偿和谐波抑

制的光伏并网功率调节器控制研究[J]. 太阳能学报, 2006, 27(6): 540 - 544.

[61] 孙广生, 孔里, 李安定. 西藏安多光伏电站电气设备绝缘特性的研究[J]. 电工电能新技术, 2003, 22(3): 21 - 23.

[62] 陈兴峰, 曹志峰, 许洪华, 等. 光伏发电的最大功率跟踪算法研究[J]. 可再生能源, 2005(1): 8 - 11.

[63] 钟国锋. 只为那姹紫嫣红添亮彩——深圳国际园林花卉博览园 1MWp 并网太阳能光伏电站[J]. 建设科技, 2005(5): 22 - 23.

[64] 吴理博, 赵争鸣, 刘建政, 等. 具有无功补偿功能的单级式三相光伏并网系统[J]. 电工技术学报, 2006, 21(1): 28 - 32.

[65] 吴理博. 光伏并网逆变系统综合控制策略研究及实现[D]. 北京:清华大学, 2006.

[66] 吴春华. 光伏发电系统逆变技术研究[D]. 上海:上海大学, 2008.

[67] 李琦. 可调度式光伏并网发电系统的研究[D]. 青岛:山东科技大学, 2011.

[68] Soeren B K, John K. Pedersen, et al. A review of single - phase grid - connected inverters for photovoltaic modules[J]. IEEE Transactions on Industry Applications, 2005, 41(5): 1292 - 1306.

[69] Myrzik J, Calais M. String and modle integrated inverters of signle phase grid connected photovoltaic systems - a review[J]. Power Tech Confrence, 2004(2): 23 - 26.

[70] 孙龙林. 单相非隔离型光伏并网逆变器的研究[D]. 合肥:合肥工业大学, 2009.

[71] Herrmann U, Langer H G. Low cost DC to AC converter for photovoltaic power conversion in residential applications[C]. IEEE Annual Power Electronics Specialists Conference, 1993:588 - 594.

[72] 张崇巍, 张兴. PWM 整流器及其控制[M]. 北京:机械工业出版社, 2003.

[73] Wu R, Dewan S B, Slemon G R. Analysis of an AC to DC voltage source converter using PWM with phase and ampltiude control[J]. IEEE Trans Ind Appl, 1991, 27: 355 - 364.

[74] Luigi M, Paolo T, Vanni T. Space vector control and current harmonics in quasi - resonant soft - switching PWM conversion [J]. IEEE Transactions on Industry Applications, 1996, 32 (2): 269 - 277.

[75] Chaouachi A, Nakamachi K, Kamel R M, et al. Microgrid efficiency enhancement based on neuro - fuzzy MPPT control for photovoltaic generator[J]. Conference Record of the IEEE Photovoltaic Specialists Conference, 2010: 2889 - 2894.

[76] Syafaruddin, Karatepe E, Hiyama T. Performance enhancement of photovoltaic array through string and central based MPPT system under non - uniform irradiance conditions[J]. Energy Conversion and Management, 2012, 62(62): 131 - 140

[77] Yusof Y, Sayuti S H, Abdul L M, et al. Modeling and simulation of maximum power point tracker for Photovoltaic system[C]. National Power and Energy Conference, 2004: 88 - 93.

[78] Nobuyoshi M, Masahiro O, Takayoshi I. A method for MPPT control while searching for parameters corresponding to weather conditions for PV generation system[J]. IEEE Trans. Ind. Electron., 2006, 53(4): 1055 - 1065.

[79] Luque A, Hegedus S. Handbook of photovoltaic science and engineering [Z]. Hoboken, NJ: Wiley, 2002:87 - 111.

[80] Walker G. Evaluating MPPT converter topologies using a MATLAB PV model[J]. Electr. Electron. Eng., 2001, 21(1): 49 - 56.

[81] 蔡纪鹤，孙玉坤，黄永红. 基于PSIM的光伏组件仿真模型的研究[J]. 现代科学仪器，2013(6): 65 - 69.

[82] 苏建徽，余世杰，赵为，等. 硅太阳电池工程用数学模型[J]. 太阳能学报，2001，22(4): 309 - 402.

[83] 廖志凌，阮新波. 任意光强和温度下硅太阳电池非线性工程简化数学模型[J]. 太阳能学报，2009，30(4)：430 -434.

[84] Powersim Inc. PSIM User's Guide Veron6.0 [Z]. Powersim Inc., 2003.

[85] Luque A, Hegedus S. Handbook of Photovoltaic Science and Engineering [Z]. Hoboken, NJ: Wiley, 2002:87 -111.

[86] 蔡纪鹤，孙玉坤，黄永红. 基于占空比干扰观测法的 MPPT 控制研究[J]. 江苏大学学报(自然科学版)，2014，35(1)：75 -79.

[87] 林飞，杜欣. 电力电子应用技术的 MATLAB 仿真[M]. 北京:电力工业出版社，2008.

[88] 王兆安，黄俊. 电力电子技术(第4 版)[M]. 北京:机械工业出版社，2000.

[89] 周文源，袁越，傅质馨，等. 恒电压结合牛顿法的光伏系统 MPPT 控制[J]. 电力系统及其自动化学报，2012，24(6)：6 -13.

[90] 何人望，邱万英，吴迅，等. 基于 PSIM 的新型扰动观察法的 MPPT 仿真研究[J]. 电力系统保护与控制，2012，40(7)：56 -65.

[91] Deng N, Tian Y. The new method of data mining based on support vector machine[M]. Beijing: Science Press, 2004.

[92] 杨志民，刘广利. 不确定性支持向量机:算法及应用[M]. 北京:科学出版社，2012.

[93] Wang X D, Zhang C J, Zhang H R. Sensor dynamic modeling using least square support vector machines[J]. Chinese Journal of Scientific Instrument, 2006, 27(7): 730 -733.

[94] Fang R M. Gas leakage detection based on clustering support vector machine [J]. Chinese Journal of Scientific Instrument, 2007, 28(11): 2028 -2033.

[95] Scholkopf B, Smola A J. Learning with kernels cambridge[M]. MA: MIT Press, 2002.

[96] Deng N Y, Tian Y J. The new method of data mining based on support vector machine[M]. Beijing: Science Press, 2004.

[97] Suykens J K, Vandewalle J. Least squares vector machines [M]. Singapore: World Scientific, 2002.

[98] Desai K, Badhe Y, Kulkarni B D, et al. Soft - sensor development for fed - batch bioreactors using support vector regression[J]. Bio - chemical Engineering Journal, 2006, 27(3): 225 - 239.

[99] Li Y F, Yuan J Q. Prediction of key state variables using support vector machines in bioprocesses[J]. Chemical Engineering and technology, 2006, 29(3): 313 - 319.

[100] Wang J L, Yu T, Jin C Y. On - line estimation of biomass in fermentation process using support vector machine[J]. Chinese Journal of Chemical Engineering, 2006, 14(3): 383 - 388.

[101] Liu Y, Wang H Q, Li P. Adaptive local learning based least squares support vector regression with application to online modeling[J]. Journal of Chemical Industry and Engineering, 2008, 59(8): 2052 - 2057.

[102] 王长江. 基于 MATLAB 的光伏电池通用数学模型[J]. 电力科学与工程, 2009, 25(4): 11 - 14.

[103] Kuperman A, Aharon I. Battery and ultracapacitor hybrids for pulsed current loads: A review, renew[J]. Sust. Energy Reviews, 2011, 15(2): 981 - 992.

[104] Liu H, Wang Z, Cheng J, et al. Improvement on the cold cranking capacity of commercial vehicle by using supercapacitor and lead - acid battery hybrid[J]. IEEE Trans. Veh. Technol, 2009, 58(3): 1097 - 1105.

[105] Caricchi F, Crescimbini F, Giulii Capponi F, et al. Study of bidirectional buck - boost converter topologies for application in electrical vehicle motor drivers[M]. IEEE APEC Procee-ding, 1998:287 - 293.

[106] Lukic S M, Wirasingha S G, Rodriguez F, et al. Power management of an ultr acapacitor/battery hybrid energy storage system in an HEV[C]. IEEE Vehicle Power and Propulsion Conference, 2006: 1 -6.

[107] Chaim L, Amiad H, Alon K. Capacitor semi - active battery - ultracapacitor hybrid energy source[J]. Electrical and Electronics Engineers in Lsrael, 2012: 1 -4.

[108] 吴鸣, 苏剑, 余杰, 等. 分布式电源的混合储能配置分析与研究[J]. 供用电, 2013, 30(1): 6 -11.

[109] 毛盾, 郭丙君. 基于模糊 PID 控制的 Cuk 变换器研究[J]. 自动化与仪器仪表, 2010(3): 1 -3.

[110] 王晓, 罗安, 邓才波, 等. 基于光伏并网的电能质量控制系统[J]. 电网技术, 2012, 36(4): 68 -73.

[111] Akagi H, Kanazawa Y, Nabae A. Instantaneous reactive power compensator comprising switching devices without energy storage components[J]. IEEE Trans. Ind. Appl., 1984, 20(3): 625 -630.

[112] Luigi M, Paolo T, Vanni T. Space vector control and current harmonics in quasi - resonant soft - switching PWM conversion[J]. IEEE Transactions on Industry Applications, 1996, 32(2): 269 -277.

附录 A　基于 DLL 的控制程序

```
#include <math.h>
_declspec(dllexport) void simuser(t,delt,in,out)
double t,delt;
double *in, *out;
{
    double a,b,c,e,Sref,Tref,S,T,Isc,Im,Voc,Vm,V,dt,ds,Iscn,
    Imn,Vocn,Vmn,α,I;
    a=0.0025;
    b=0.5;
    c=0.00288;
    e=2.71828;
    Sref=1000;
    Tref=25;

    S=in[0];
    T=in[1];
    Isc=in[2];
    Im=in[3];
    Voc=in[4];
    Vm=in[5];
    V=in[6];

//非标准条件下光伏组件的 Iscn,Imn,Vocn,Vmn
```

```
dt = T - Tref;
ds = S/Sref - 1;
Iscn = np * Isc * S/Sref * (1 + a * dt);
Imn = np * Im * S/Sref * (1 + a * dt);
Vocn = ns * Voc * ((1 - c * dt) * log(e + b * ds));
Vmn = ns * Vm * ((1 - c * dt) * log(e + b * ds));

α = (1/(Vmn - Vocn)) * log(1 - Imn/Iscn);
                                    //参数α的计算公式
I = Iscn * (1 - exp(α * (V - Vocn)));
                                    //非标准条件下的V-I特性方程
out[0] = V;                         //out[0]为光伏组件的输出电压
if (I <= 0)
{
    out[1] = 0;                     //out[1]为光伏组件的输出电流
}
else
{
    out[1] = Iarray;
}
out[2] = out[0] * out[1];           //out[2]为光组件的输出功率
}
```

附录 B　2013 年 3 月晴天数据

太阳光辐射度 $S/(W \cdot m^{-2})$	环境温度 T_C/℃	最大功率 P_m/W	最大电压 V_m/V	太阳光辐射度 $S/(W \cdot m^{-2})$	环境温度 T_C/℃	最大功率 P_m/W	最大电压 V_m/V
12	8.7	31.38	1.79	745	21	36.11	131.82
18	8.7	31.43	2.69	631	21.1	35.25	109.03
27	8.9	31.50	4.04	784	20.9	36.40	139.81
39	9.2	31.58	5.85	786	21.5	36.35	140.20
73	9.1	31.88	11.06	636	20.8	35.32	110.02
118	9.4	32.24	18.10	718	21.9	35.82	126.31
128	10	32.28	19.68	738	21.9	35.96	130.35
172	10.2	32.63	26.76	800	22	36.40	143.07
198	10.6	32.82	31.01	774	22.9	36.12	137.66
253	10.4	33.30	40.18	708	22.6	35.67	124.26
302	10.8	33.67	48.54	704	21.8	35.72	123.49
371	12.2	34.10	60.61	638	22.8	35.13	110.34
386	11.5	34.28	63.30	759	21.8	36.13	134.64
400	11.4	34.41	65.81	657	23.3	35.22	114.07
450	11.4	34.81	74.90	675	23.2	35.37	117.64
478	11.5	35.02	80.07	648	23.1	35.18	112.30
518	12	35.29	87.54	528	22.8	34.31	89.17
541	12.2	35.45	91.89	593	22.8	34.80	101.58
577	12.3	35.72	98.78	521	23	34.23	87.84
578	12.6	35.70	98.97	465	22.8	33.82	77.43
601	13.5	35.78	103.40	373	21.5	33.23	60.82
620	13.7	35.91	107.10	336	21.4	32.95	54.31
638	14.5	35.97	110.61	459	21.8	33.87	76.35
654	15.8	35.96	113.73	455	21.1	33.91	75.63
691	21.8	35.63	120.88	335	20.7	33.01	54.14
702	19.4	35.95	123.18	307	20.6	32.79	49.28

续表

太阳光辐射度 $S/(\mathrm{W}\cdot\mathrm{m}^{-2})$	环境温度 T_C/℃	最大功率 P_m/W	最大电压 V_m/V	太阳光辐射度 $S/(\mathrm{W}\cdot\mathrm{m}^{-2})$	环境温度 T_C/℃	最大功率 P_m/W	最大电压 V_m/V
731	18.6	36.25	129.07	306	20.5	32.79	49.11
743	19	36.30	131.49	220	20.4	32.11	34.56
721	19.5	36.08	127.01	176	19.9	31.79	27.34
758	19.6	36.34	134.53	162	20.2	31.65	25.08
765	20	36.35	135.95	159	19.9	31.65	24.59
774	20	36.42	137.79	66	18.7	30.98	9.96
764	20	36.35	135.74	38	20	30.63	5.69
811	20	36.69	145.45	34	20	30.59	5.08
803	20.3	36.60	143.77	21	19.8	30.50	3.13
801	20.5	36.57	143.35	13	19.6	30.45	1.93
814	20.8	36.63	146.04				

附录 C　2012 年 12 月雾天数据

太阳光辐射度 $S/(W \cdot m^{-2})$	环境温度 $T_C/℃$	最大功率 P_m/W	最大电压 V_m/V	太阳光辐射度 $S/(W \cdot m^{-2})$	环境温度 $T_C/℃$	最大功率 P_m/W	最大电压 V_m/V
5	4.5	31.68	0.74	61	10.4	31.86	9.41
5	4.6	31.67	0.74	56	9.5	31.80	10.15
5	4.8	31.66	0.74	80	9.2	31.93	12.15
5	5	31.64	0.74	63	8.1	31.88	10.92
5	5.1	31.63	0.74	70	8.8	31.88	10.60
6	5.1	31.64	0.89	77	8.8	31.94	11.68
7	5.3	31.63	1.04	64	8.2	31.88	11.78
9	4.8	31.69	1.34	83	8.3	32.04	12.01
13	5	31.71	1.94	95	8.6	32.04	14.48
16	4.8	31.75	2.39	101	8.8	32.05	15.42
22	4.9	31.80	3.29	78	9	31.93	13.84
27	5.3	31.81	4.04	73	9.9	31.95	13.06
27	6	31.75	4.04	84	9.2	31.97	12.97
30	6.1	31.77	4.49	91	10.2	31.94	13.86
27	6.2	31.73	4.04	98	10.4	31.98	13.95
29	6.1	31.76	4.34	121	10.7	31.95	14.57
34	6.2	31.79	5.10	98	11.3	31.90	14.75
34	6.1	31.80	5.10	94	11.5	31.95	14.82
43	6.4	31.85	6.46	112	11.1	32.04	15.15
46	6.5	31.87	6.92	105	11.1	31.98	16.04
47	6.2	31.91	7.07	105	11.2	31.97	15.84
47	6.5	31.88	7.07	87	11.6	31.78	13.23
49	6.6	31.89	7.38	71	11.3	31.67	10.75
51	6.8	31.89	7.68	58	10	31.67	8.75
55	7.5	31.86	8.30	49	9.5	31.64	7.38
53	7.6	31.84	7.99	35	8.9	31.57	5.25

续表

太阳光辐射度 $S/(\mathrm{W\cdot m^{-2}})$	环境温度 $T_C/℃$	最大功率 P_m/W	最大电压 V_m/V	太阳光辐射度 $S/(\mathrm{W\cdot m^{-2}})$	环境温度 $T_C/℃$	最大功率 P_m/W	最大电压 V_m/V
45	7.5	31.89	6.77	26	8.2	31.55	3.89
49	7.2	31.90	7.38	19	7.6	31.54	2.84
56	7.1	31.91	8.45	14	7.4	31.51	2.09
60	7.3	31.93	9.06	10	7.1	31.50	1.49
65	7.5	31.95	9.83	7	6.8	31.50	1.04
65	8.4	31.87	9.83	6	6.5	31.52	0.89
68	8	31.93	10.29	5	6.3	31.53	0.74
70	8.5	31.91	10.60	5	6.0	31.55	0.74
78	8.1	32.01	11.84	5	6.1	31.54	0.74
70	8.7	31.89	10.60				
71	8.6	31.91	10.75				
72	8.8	31.90	10.91				

附录 D　2013 年 3 月用电量数据

时间 T	功率 P_u/W	时间 T	功率 P_u/W	时间 T	功率 P_u/W
6:00	0.170 7	9:30	0.166 2	13:00	0.147 5
6:10	0.188 4	9:40	0.158 0	13:10	0.254 4
6:20	0.212 8	9:50	0.256 9	13:20	0.144 8
6:30	0.243 8	10:00	0.146 8	13:30	0.222 5
6:40	1.193 5	10:10	0.171 2	13:40	0.173 5
6:50	1.777 9	10:20	0.170 7	13:50	0.172 0
7:00	1.171 2	10:30	0.169 2	14:00	0.182 6
7:10	1.205 4	10:40	0.167 9	14:10	0.198 3
7:20	1.289 0	10:50	0.184 9	14:20	0.203 3
7:30	1.210 9	11:00	1.246 0	14:30	0.194 1
7:40	0.496 1	11:10	1.330 1	14:40	0.203 0
7:50	0.512 2	11:20	1.198 6	14:50	0.269 8
8:00	0.517 0	11:30	1.283 2	15:00	0.281 6
8:10	0.212 8	11:40	1.934 0	15:10	0.303 8
8:20	0.213 3	11:50	0.226 1	15:20	0.301 9
8:30	0.278 8	12:00	0.278 4	15:30	0.305 9
8:40	0.201 9	12:10	0.243 5	15:40	0.106 6
8:50	0.311 3	12:20	0.369 1	15:50	0.104 9
9:00	0.202 7	12:30	0.155 3	16:00	0.119 1
9:10	0.211 1	12:40	0.110 7	16:10	0.209 6
9:20	0.289 7	12:50	0.257 5	16:20	0.103 6

续表

时间 T	功率 P_u/W	时间 T	功率 P_u/W	时间 T	功率 P_u/W
16:30	0.230 3	19:10	1.464 1	21:50	2.487 2
16:40	0.124 7	19:20	3.163 0	22:00	2.412 9
16:50	0.232 9	19:30	1.360 2	22:10	1.684 1
17:00	0.235 3	19:40	3.203 7	22:20	1.648 2
17:10	0.146 5	19:50	0.477 4	22:30	0.791 0
17:20	0.273 5	20:00	1.703 1	22:40	0.348 9
17:30	0.179 1	20:10	2.412 0	22:50	0.236 4
17:40	0.190 7	20:20	2.433 3	23:00	0.185 3
17:50	0.296 1	20:30	1.632 2		
18:00	1.238 5	20:40	0.532 5		
18:10	0.592 9	20:50	0.526 8		
18:20	2.368 1	21:00	0.533 7		
18:30	0.481 4	21:10	0.552 3		
18:40	0.691 3	21:20	0.544 2		
18:50	0.709 2	21:30	1.884 2		
19:00	0.523 6	21:40	2.521 7		